中等职业教育数控技术应用专业建设成果

数控车削加工

——理实一体化

鲁华东　主　编
倪厚滨　俞　燕　副主编

中国铁道出版社有限公司
CHINA RAILWAY PUBLISHING HOUSE CO., LTD.

内容简介

本书围绕数控车床编程与操作,主要讲解了安全文明生产及数控车床操作、编制轴类零件外圆及端面程序、车削普通(三角)外螺纹、车削零件内孔、车削普通(三角)内螺纹、车削轴类综合零件、车削盘类综合零件,以及车削组合件,共八个项目。本书以培养学生的实践操作能力和职业素养为目标,学生经过系统学习可以参加数控车工(四级)考证。

本书适合作为中等职业学校机械类和近机类专业教材,亦可作为相关技术人员的参考用书,具有较强的实用性和易读性。

图书在版编目(CIP)数据

数控车削加工:理实一体化/鲁华东主编.—北京:中国铁道出版社有限公司,2020.9
中等职业教育数控技术应用专业建设成果
ISBN 978-7-113-26974-6

Ⅰ.①数… Ⅱ.①鲁… Ⅲ.①数控机床-车床-车削-加工工艺-中等专业学校-教材 Ⅳ.①TG519.1

中国版本图书馆CIP数据核字(2020)第104288号

书　　名:数控车削加工——理实一体化教材
作　　者:鲁华东

策　　划:尹　娜　　　编辑部电话:(010)51873135
责任编辑:尹　娜
封面设计:刘　颖
责任校对:王　杰
责任印制:樊启鹏

出版发行:中国铁道出版社有限公司(100054,北京市西城区右安门西街8号)
网　　址:http://www.tdpress.com/51eds/
印　　刷:北京虎彩文化传播有限公司
版　　次:2020年9月第1版　2020年9月第1次印刷
开　　本:787 mm×1 092 mm 1/16　印张:10.5　字数:252千
书　　号:ISBN 978-7-113-26974-6
定　　价:36.00元

前言

中等职业教育担负着培养高素质劳动者的重要任务，其人才培养目标需从单一技能操作型向知识型、发展型转变，需从学校单一教育向校企合作培养方式转变，需从终结教育向终身教育方向转变。只有切实有效地转变教学模式，优化课程结构，注重学生职业能力与人文素养教育，关注学生职业生涯发展，中等职业教育才能健康协调并适应社会经济发展的要求。

为贯彻落实教育部"国家中长期教育改革和发展规划纲要（2010—2020 年）"和"上海市中长期教育改革和发展规划纲要（2010—2020 年）"的精神，以"为了每一个学生的终身发展"为核心理念引领学校综合改革，并以上海市首批特色示范校建设及示范性品牌专业建设为契机，为进一步提高教育教学质量，学校积极探索"双证融通"、中职高职贯通、中职本科贯通试点人才培养模式，打造精品课程、精品专业，形成职教特色，发挥示范引领作用。

学校贯彻"以就业为导向，以能力为本位，以素质为基础"的指导思想，以"必需够用，兼顾发展"为原则，组织骨干教师开发编写具有职教特点与学校特色的教材。本书开发定位准确，并借鉴国外职业教育先进的教学模式，精心编撰，有所创新，注重知识性与实践性、职业性与人文性有机统一。本书注重学生综合素养的教育、文化基础知识的拓展、专业知识与技能点的融合，重视培养学生的兴趣与创新思维，实训内容按项目课题系列展开，可操作性强。

本书由鲁华东任主编，倪厚滨、俞燕任副主编，蔡俊、朱金洪参与编写。

由于编者的能力及水平有限，书中难免存在不妥和疏漏之处，欢迎广大读者及同行批评指正。

编者

2020. 1

目录

项目一 安全文明生产及数控车床操作

任务一　安全文明生产教育

任务目标

1. 了解安全文明生产的基本内容。
2. 掌握实训车间和数控车床的安全操作规程。
3. 激发学生学习的兴趣,对安全文明生产充分重视。

任务描述

进入车间首先不是去熟悉和操作各种设备,而是要充分掌握工厂的安全文明生产的法规和不同车间的安全操作规程。

本任务就是掌握安全文明生产的法规,掌握数控车床的安全操作规程以及具备企业职业道德素养。

俗话说"没有规矩不成方圆",在学校中要遵守学校的规章制度,那么在车间里实训时又要注意什么?要遵守哪些规章制度呢?

数控安全文明生产

任务导入

如图 1-1-1 ~ 图 1-1-3 所示的场景有问题吗?规范吗?

图 1－1－1　女生的长发没有盘在工作帽内

图 1－1－2　在车间内打闹、嬉戏

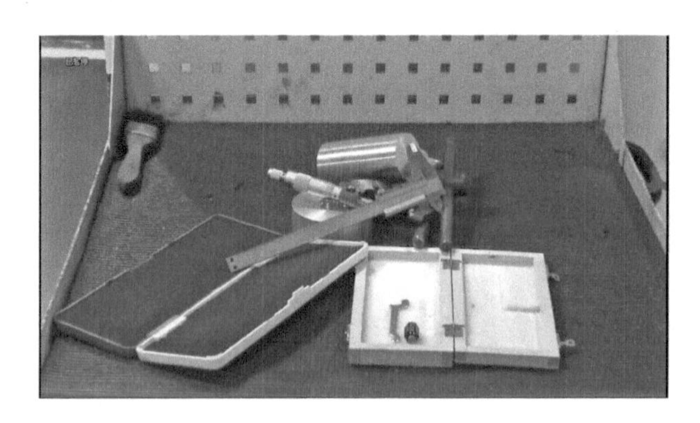

图 1－1－3　工量具摆放不整齐

相关知识

一、企业安全生产教育

1. 企业安全生产教育的内容

企业安全生产教育一般分为思想、法规和安全技术教育三项主要内容。

思想教育，主要是正面宣传安全生产的重要性，选取典型事故进行分析，从事故的政治影响、经济损失、个人受害后果几个方面进行教育。

法规教育，主要是学习上级有关文件、条例，本企业已有的具体规定、制度和纪律条文。

安全技术教育，包括生产技术、一般安全技术的教育和专业安全技术的训练。其内容主要是本厂安全技术知识、工业卫生知识和消防知识，本班组的动力特点、危险地点和设备安全防护注意事项；电气安全技术和触电预防；急救知识；高温、粉尘、有毒、有害作业的防护；职业病原因和预防知识；运输安全知识；保健仪器、防护用品的发放、管理和正确使用知识等。专业安全技术训练，是指对锅炉等受压容器，电、气焊接、易燃易爆、化工有毒有害、微波及射线辐射等特殊工种进行的专门安全知识和技能训练。

2. 企业安全生产教育的主要形式和方法

企业安全生产教育的主要形式有“三级教育”“特殊工种教育”和“经常性的安全宣传教育”等形式。

三级教育：在工业企业所有伤亡事故中，由于新工人缺乏安全知识而产生的事故发生率一般为50%左右，所以对新工人、来厂实习人员和调动工作的工人，要实行厂级、车间、班组三级教育。其中，班组安全教育包括介绍本班组安全生产情况，生产工作性质和职责范围，各种防护及保险装置作用，容易发生事故的设备和操作注意事项。经常性的宣传教育可以结合本企业本班组具体情况，采取各种形式，如安全活动日、班前班后会、安全交底会、事故现场会、班组园地或壁报等方式进行宣传。

二、实训过程安全生产教育

①严格遵守实训的作息时间，做到不迟到，不早退，不无故缺席。

②严格遵守实训守则，严格遵守机床的安全、文明操作规程。

③实训过程中必须做到不奔跑、嬉戏、打闹、不开玩笑、不相互窜岗、不擅自离开实训车间。

④实训过程中一切行动必须服从老师的安排和指挥。

⑤进入实训车间实习时，必须穿好工作服，大袖口要扎紧，衬衫要系入裤内。女同学要戴安全帽，并将发辫纳入帽内。不得穿凉鞋、拖鞋、高跟鞋、背心、裙子和戴围巾进入车间。禁止带手套操作机床。

⑥某一项工作如需两人或多人共同完成时，应注意相互间的协调一致。

⑦学生应在指定的机床和计算机上进行实习。

⑧所有实训步骤须在实训教师指导下进行，未经实训教师同意，不许开动机床。其他机床设备、工具或电器开关等均不得乱动。

⑨机床开动时，严禁在机床间穿梭，严禁离开工作岗位做与操作无关的事情。

⑩注意不要移动或损坏安装在机床上的警告标牌。

三、数控车床安全、文明操作规程

①操作前必须熟悉数控车床的一般性能、结构、传动原理及控制程序，掌握各操作

按钮、指示灯的功能及操作程序。在未弄懂整个操作过程前，不要进行机床的操作和调节。

②开动机床前，要检查机床电气控制系统是否正常，润滑系统是否畅通、油质是否良好，并按规定要求加足润滑油，各操作手柄是否正确，工件、夹具及刀具是否已夹持牢固，检查冷却液是否充足，然后开慢车空转 3 ~ 5 min，检查各传动部件是否正常，确认无故障后，才可正常使用。

③机床启动后，打开急停装置，机床回零位，回归零位后，将 X、Z 轴回到合适位置。

④程序调试完成后，必须经指导老师同意方可按步骤操作，不允许跳步骤执行。未经指导老师许可，擅自操作或违章操作，成绩作零分处理，造成事故者，按相关规定处分并赔偿相应损失。

⑤加工零件前，必须严格检查机床原点、刀具数据是否正常并进行无切削轨迹仿真运行。

⑥加工零件时，必须关上防护门，不准把头、手伸入防护门内，加工过程中不允许打开防护门。

⑦严禁用力拍打控制面板、触摸显示屏。严禁敲击工作台、分度头、夹具和导轨，防止无序和野蛮操作损坏机床、刀具、工件。

⑧严禁私自打开数控系统控制柜进行观看和触摸。

⑨实习学生不得调用、修改其他非自己所编的程序，不得随意更改机床内部参数。

⑩机床上严禁堆放任何工、夹、刃、量具，工件和其他杂物，工作空间应足够大。

⑪未经指导教师确认程序正确前，不许按动操作箱上已设置好的“机床锁住”状态键。

⑫禁止用手或其他任何方式接触正在旋转的主轴、工件或其他运动部位。

⑬检查润滑油、冷却液的状态，及时添加或更换。

⑭在程序运行中须暂停测量工件尺寸时，要待机床完全停止、主轴停转后方可进行测量，以免发生人身事故。

⑮不允许采用压缩空气清洗机床、电气柜及 NC 单元。

⑯每天实训前半小时进行机床保养，主要是卸下工件、刀具等，并按规定整理和放置好，清点工具箱内的工量具等设备，清理铁屑、擦清机床，检查或添加润滑油，X、Z 轴回到合适位置，关上安全门，退出系统，关闭总电源。

⑰实训结束后，应清扫机床及周边环境，保持实训车间清洁卫生。

⑱禁止进行尝试性操作。

任务实施

①正确穿戴工作服和相关防护用品，如图 1－1－4 所示。

②遵守实训过程安全生产规范，如图 1－1－5 所示。

③牢记数控车床安全、文明的操作规程，如图 1－1－6 所示。

④在实训车间内必须服从实习指导教师的安排和指挥，如图 1－1－7 所示。

图 1-1-4　女生要戴安全帽，并将发辫纳入帽内

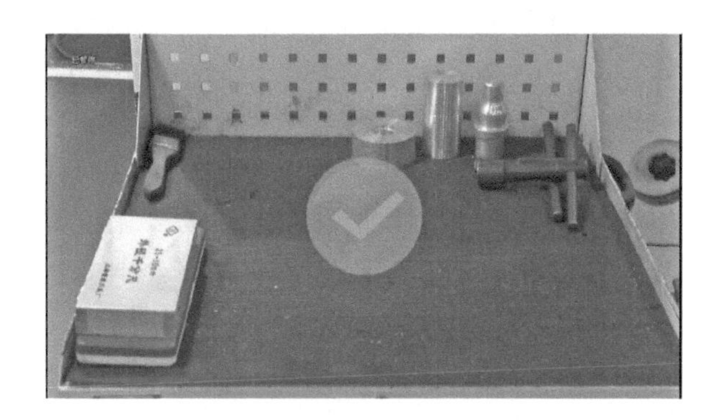

图 1-1-5　工量具使用完毕后，要摆放整齐

图 1-1-6　学生须排队整齐，在实习指导教师的带领下进入实训车间

图 1-1-7　在实训车间内必须服从实习指导教师的安排和指挥

技能训练

撰写实训报告。

知识拓展

企业现场管理6S(HSE)制度的定义与内容

20世纪,日本丰田公司提出倡导并实施“5S”管理,1987年中国企业开始引进“5S”管理。2000年,中国在“5S”的基础上,企业将安全纳入“5S”管理内容,形成了“6S”管理。“6S”指的是日语的罗马拼音SEIRI(整理)、SEITON(整顿)、SEISO(清扫)、SEIKETSU(清洁)、SHITSUKE(素养)及英语SAFETY(安全)这6项,因为六个单词的第一个字母都是“S”,所以统称为“6S”。“6S”是在生产现场中对人员、机器、材料、行为、环境等生产要素进行有效管理的一种方法。

SEIRI(整理):就是按物品的使用频率,以取用方便,尽量把寻找物品时间缩短为0 s为目标,将人、事、物在空间和时间上进行合理安排,这是开始改善现场的第一步,也是“6S”中最重要的一步。如果整理工作没做好,以后的5个“S”便形同沙土上建起的城堡一般不牢靠。这项工作的重点在于培育心理强度,坚决将现场不需要的物品彻底清理出去。现场无不常用物,行道畅通,减少了磕碰和可能的错拿错用,这样既可以保证工作效果,还可以提高工作效率,更重要的是可以保障现场的工作安全。所以有的公司就提出口号:效率和安全始于整理!

SEITON(整顿):在整理的基础上再把需要的人、事、物加以定量、定位,创造一个一目了然的现场环境。将现场物品按照方便取用的原则进行合理摆放后,操作中的对错便能更易于控制和掌握,有利于提高工作效率,保证产品品质,保障生产安全。

SEISO(清扫):认真进行现场、设备仪器和管道的卫生清扫,在一个干干净净的环境中,通过设备点检,管道巡视,异常现象便能迅速发现并得到及时处理,使之恢复正常,这是安全隐患得到发现和治理的重要方法,也是“安全第一,预防为主”方针的最好落实和贯彻。清扫工作之所以如此必要,是因为在生产过程中产生的灰尘、油污、铁屑、垃圾等,会使现场变脏、设备管道污染,导致设备精度降低,故障多发,影响产品质量,使安全事故防不胜防;脏的现场更会影响员工的工作情绪,产生懈怠麻痹思想,认真不够,操作失误,排障不彻底、不及时,导致安全事故的发生。因此,必须通过清扫活动来清除脏污,营造一个明快、舒畅、高效率的工作现场。

SEIKETSU(清洁):为保持维护整理、整顿、清扫的成果,使现场保持安全生产的适宜状态,引入被赋予全新内涵的“清洁”概念,即是通过将前三项活动的制度化来坚持和深入现场的管理改善,从而更进一步地消除发生安全事故的根源,即为“治本”,以创造一个“人本至上”的工作环境,使员工能愉快无忧地工作。

SAFETY(安全):以HSE管理体系,执行行为准则,建立安全的工厂、科学的管理、安全的设备、安全的工作行为。安全就是消除工作中的一切不安全因素,杜绝一切不安全现象。就是要求在工作中严格执行操作规程,严禁违章作业。时刻注意安全,时刻注重安全。

SHITSUKE(素养):素养即平日之修养,指正确的待人接物处事的态度。实验得出结论:一种行为被多次重复就有可能成为习惯。通过制度化的现场管理改善推进,规范员工行为,培养良好职业风范,并辅以自觉自动工作生活的文化宣导,达到全面提升员工素养的境界。培养工作、安全无小事的认真态度,有制度就严格按制度行事的职业风范,持续改善的进取精神,已成为"6S"管理螺旋式上升循环永远的起点和终点。在具有这样高素养员工的组织中,关注细节,持续改善,寓于无数细节之中的安全,则无一处不在掌控之中了。

任务二　熟悉数控车床仿真面板

任务目标

1. 了解数控软件的功能和界面。
2. 熟悉并掌握 FANUC 数控加工仿真系统的基本操作。
3. 激发学生的学习热情,增强团队合作力。

任务描述

本任务就是了解并熟练掌握数控加工仿真系统的面板操作,为今后的零件模拟加工打下基础。

数控车床仿真面板操作

数控车床是一种采用数字化信号,以一定的编码形式通过数控系统来实现自动加工的机床。

数控仿真系统软件可以进行程序的输入、调试,刀具轨迹的模拟和零件的仿真加工。所以,要掌握 FANUC 数控车床仿真软件的操作面板。

任务导入

按照学号坐好,并认真检查计算机是否能够使用,熟悉数控车床仿真面板。

相关知识

一、运行数控加工仿真系统

①单击"开始"→"程序"→"数控加工仿真系统",系统将弹出如图 1-2-1 所示的"用户登录"界面。或者单击桌面上的快捷方式图标(见图 1-2-2),也可以进入"用户登录"界面。

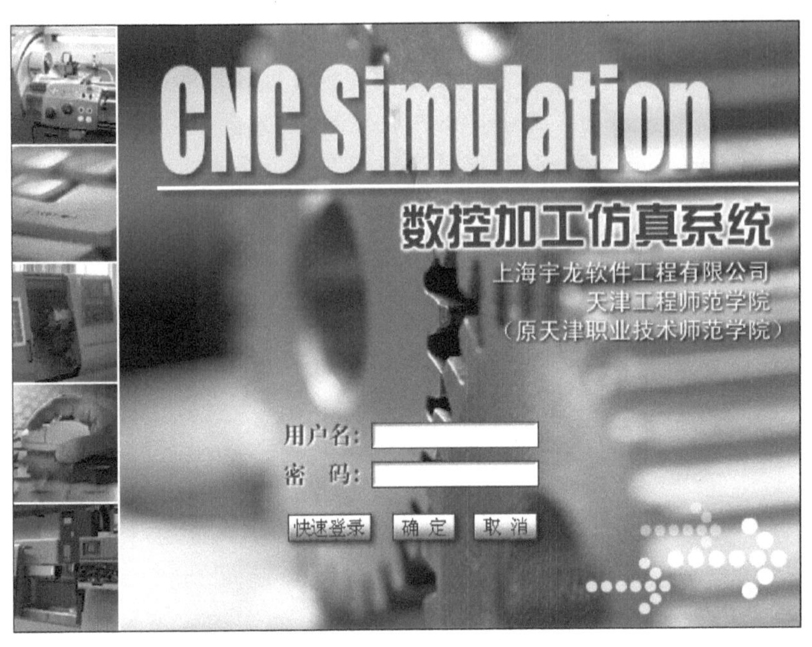

图 1－2－1 “用户登录”界面

图 1－2－2 “数控加工仿真系统”的快捷方式图标

②单击“快速登录”按钮，进入数控加工仿真系统操作界面，如图 1－2－3 所示。

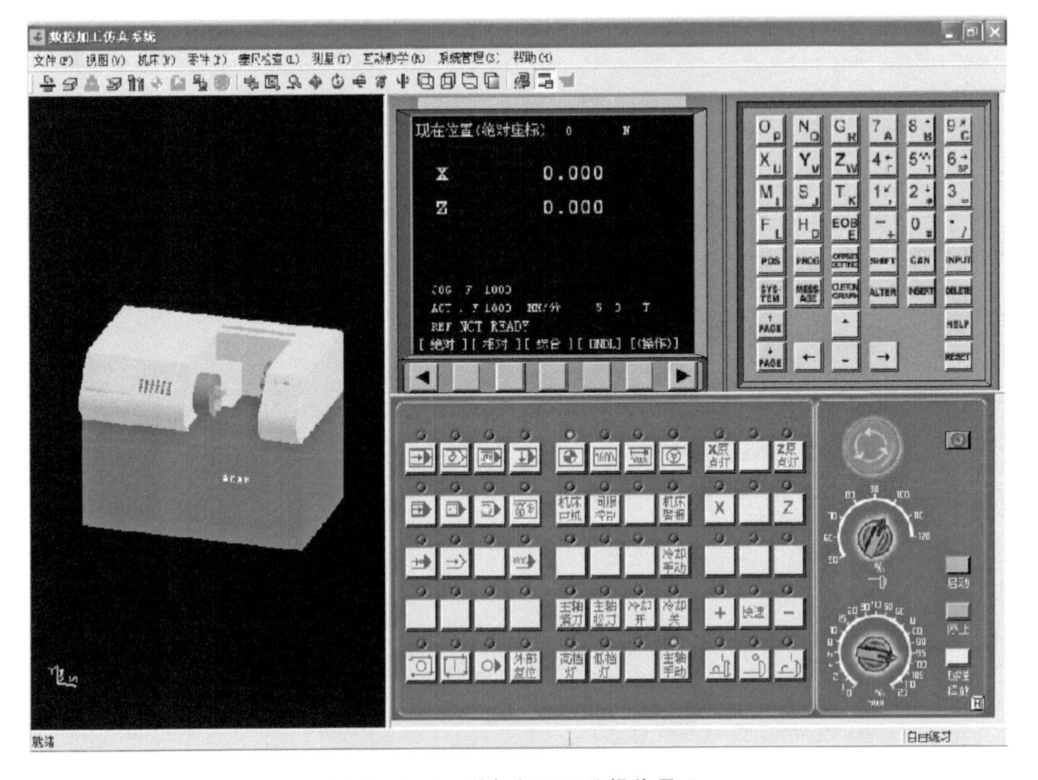

图 1－2－3 数控加工系统操作界面

二、操作面板介绍

1. CRT/MDI 操作面板

图 1－2－4 所示为 CRT 界面(左半部分)和 MDI 键盘(右半部分)。

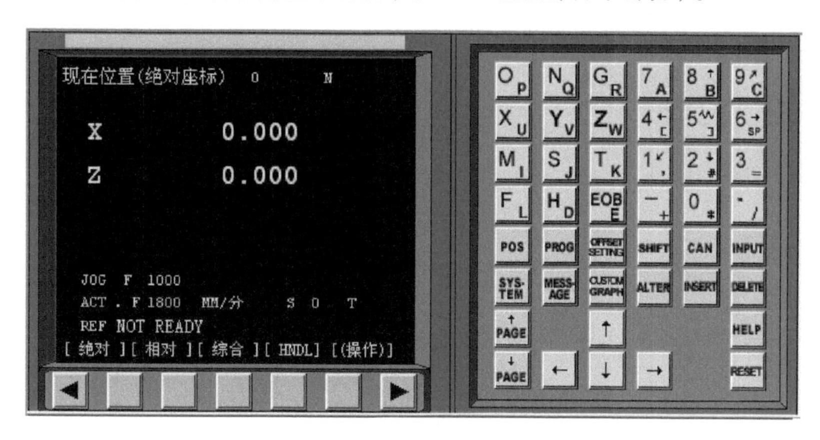

图 1－2－4　CRT/MDI 操作面板

CRT 界面用于显示程序、坐标、图形模拟等内容。MDI 键盘用于程序编辑、参数输入等,其键盘上各个键的功能见表 1－2－1。

表 1－2－1　MDI 软键的功能

MDI 软键	功　能
↑PAGE　↓PAGE	软键 ↑PAGE 实现左侧 CRT 中显示内容的向上翻页;软键 ↓PAGE 实现左侧 CRT 显示内容的向下翻页
↑ ← ↓ →	移动 CRT 中的光标位置。软键 ↑ 实现光标的向上移动;软键 ↓ 实现光标的向下移动;软键 ← 实现光标的向左移动;软键 → 实现光标的向右移动
O_P N_Q G_R X_U Y_V Z_W M_I S_J T_K F_L H_D EOB E	实现字符的输入,按下 SHIFT 键后再点击字符键,将输入右下角的字符。例如:按下 O_P 将在 CRT 的光标所处位置输入“O”字符,按下软键 SHIFT 后再按下 O_P 将在光标所处位置处输入“P”字符;软键 EOB E 中的“EOB”将输入“;”号表示换行结束
7 8 9 4 5 6 1 2 3 － 0 .	实现字符的输入,例如:按下软键 5 将在光标所在位置输入“5”字符,按下软键 SHIFT 后再按下 5 将在光标所在位置处输入“]”
POS	在 CRT 中显示坐标值
PROG	CRT 将进入程序编辑和显示界面
OFFSET SETTING	CRT 将进入参数补偿显示界面
SYS-TEM	本软件不支持

续表

MDI 软键	功　　能
MESSAGE	本软件不支持
CUSTOM GRAPH	在自动运行状态下将数控显示切换至轨迹模式
SHIFT	输入字符切换键
CAN	删除单个字符
INPUT	将数据域中的数据输入到指定的区域
ALTER	字符替换
INSERT	将输入域中的内容输入到指定区域
DELETE	删除一段字符
HELP	本软件不支持
RESET	机床复位

2. 机床操作面板

机床操作面板如图 1－2－5 所示，其上各个键的功能见表 1－2－2。

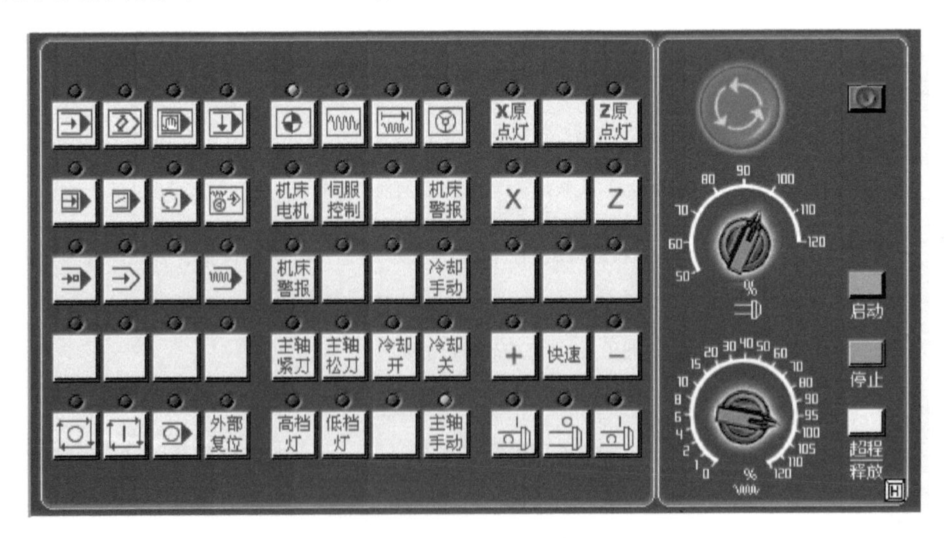

图 1－2－5　机床操作面板

表 1－2－2　机床操作面板上各个键的功能

按　　钮	名　　称	功 能 说 明
	自动运行	按下此按钮后，系统进入自动加工模式
	编辑	按下此按钮后，系统进入程序编辑状态

续表

按　钮	名　称	功能说明
	MDI	按下此按钮后，系统进入 MDI 模式，手动输入并执行指令
	远程执行	按下此按钮后，系统进入远程执行模式(DNC 模式)，输入输出资料
	单节	按下此按钮后，运行程序时每次执行一条数控指令
	单节忽略	按下此按钮后，数控程序中的注释符号“/”有效
	选择性停止	按下该按钮，“M01”代码有效
	机械锁定	锁定机床
	试运行	空运行
	进给保持	程序运行暂停，在程序运行过程中，按下此按钮运行暂停。按下“循环启动” 键恢复运行
	循环启动	程序运行开始；系统处于自动运行或“MDI”位置时按下有效，其余模式下使用无效
	循环停止	程序运行停止，在数控程序运行中，按下此按钮停止程序运行
外部复位	外部复位	在程序运行中点击该按钮将使程序运行停止。在机床运行超程时若“超程释放”按钮不起作用可使用该按钮使系统释放
	回原点	按下该按钮系统处于回原点模式
	手动	机床处于手动模式，连续移动
	增量进给	机床处于手动，点动移动
	手动脉冲	机床处于手轮控制模式
X1 X10 X 100 X 1000	手动增量步长选择按钮	手动时，通过按下按钮来调节手动步长。X1、X10、X100 和 X1000 分别代表移动量为 0.001 mm、0.01 mm、0.1 mm 和 1 mm
主轴手动	主轴手动	按下该按钮将允许手动控制主轴
	主轴控制按钮	从左至右分别为：正转、停止、反转
+X	X 正方向	在手动时控制主轴向 X 正方向移动
+Z	Z 正方向	在手动时控制主轴向 Z 正方向移动
-X	X 负方向	在手动时控制主轴向 X 负方向移动
-Z	Z 负方向	在手动时控制主轴向 Z 负方向移动

续表

按　钮	名　称	功能说明
	主轴倍率选择旋钮	将光标移至此旋钮上后,通过单击或右击来调节主轴旋转倍率
	进给倍率	调节运行时的进给速度倍率
	急停按钮	按下"急停按钮",使机床移动立即停止,并且所有的输出如主轴的转动等都会关闭
超程释放	超程释放	系统超程释放
H	手轮显示按钮	按下此按钮,则可以显示出手轮
	手轮面板	按下H按钮将显示手轮面板,再按下手轮面板上右下角的H按钮,又可将手轮隐藏
	手轮轴选择旋钮	在手轮状态下,将光标移至此旋钮上后,通过单击或右击来选择进给轴
	手轮进给倍率选择旋钮	在手轮状态下,将光标移至此旋钮上后,通过单击或右击来调节点动/手轮步长。X1、X10、X100分别代表移动量为0.001 mm、0.01 mm、0.1 mm
	手轮	将光标移至此旋钮上后,通过单击或右击来转动手轮
启动	启动	启动控制系统
停止	关闭	关闭控制系统

任务实施

①在教师的指导下,进行数控加工仿真系统CRT/MDI操作面板的基本操作。

②在教师的指导下,进行数控加工仿真系统机床操作面板的基本操作。

撰写实训报告。

知识拓展

一、数控机床的产生与发展过程

1. 第一台数控机床

1952 年,为了适应航空工业复杂工件的生产,美国麻省理工大学和帕森斯公司合作研制了第一台数控机床,它具有信息存储和处理的功能。

2. 数控机床的发展史(见表 1－2－3)

表 1－2－3　数控机床的发展史

名　　称	时　　间	重要标志
第一代数控机床	1952 年～1959 年	电子管元件
第二代数控机床	1959 年始	晶体管元件
第三代数控机床	1965 年始	集成电路
第四代数控机床	1970 年始	大规模集成电路
第五代数控机床	1974 年始	微处理器

3. 我国数控机床的发展历程(见表 1－2－4)

表 1－2－4　我国数控机床的发展历程

时　　间	发展历程
1958 年	北京机床研究所、清华大学率先研制,但未能在实用阶段有所突破
1975 年	我国研制出第一台加工中心
改革开放以后	数控机床的品种、数量、质量得到迅速发展
1986 年	我国的数控机床进入国际市场

二、数控技术的应用和意义

1. 数控技术的应用

数控技术的应用领域越来越广泛,不仅用于机床的控制,还用于控制其他设备。如:数控线切割机、自动绘图仪、数控测量机、数控编织机、数控裁剪和机器人等。

2. 数控技术的意义

一个国家的机床数控率,反映了这个国家机床工业和机械制造业水平的高低,同时也是衡量这个国家科技进步的重要标志。

三、数控机床的分类

1. 按工艺用途分类

(1)一般数控机床

一般数控机床有车床、铣床、钻床、镗床、磨床、齿轮加工机床,适合加工单件、小批量和复杂形状的工件。

(2)数控加工中心

在一般数控机床上加装一个刀库和自动换刀装置即为数控加工中心。

数控加工中心因一次安装定位后,能完成多工序的连续加工,大大地缩短了加工的辅助时间,提高定位精度,提高生产效率和加工自动化程度。

(3)多坐标轴数控机床

多坐标轴数控机床所控制的轴数较多,机床结构比较复杂。多坐标轴数控机床可以加工复杂工件,如螺旋桨、飞机发动机叶片曲面等。

2. 按控制的运动轨迹分类

(1)点位控制

点位控制主要有数控钻床、数控坐标镗床、数控冲床等。点位控制能保证孔的相对位置更加精确,并可减少空行程时间。

(2)点位直线控制

点位直线控制除了要求控制位移终点位置外,还能实现平行坐标轴的直线切削加工,且可以设定直线切削加工的进给速度。

(3)轮廓控制

轮廓控制数控机床能够对两个或两个以上的坐标轴同时进行控制,不仅能够控制机床移动部件的起点与终点坐标值,而且能控制整个加工过程中每一点的速度与位移量。

3. 按控制方式分类

(1)开环控制数控机床

开环控制系统中没有检测装置,指令信号单方向传送,并且指令发出后,不再反馈回来。

(2)闭环控制数控机床

闭环控制系统将工作台实际位移量反馈到计算机中,与所要求的位置指令进行比较、再控制,直到差值消除为止。

(3)半闭环控制数控机床

半闭环控制系统不是直接检测工作台的位移量,而是通过检测元件,推算出工作台的实际位移量,反馈到计算机中进行位置比较,用比较的差值进行控制。

4. 按功能分类

①经济型数控机床。

②全功能型数控机床。

③精密型数控机床。

任务三　操作数控车床

任务目标

1. 了解数控车床加工操作的步骤和维护保养的知识。

2. 掌握数控车床坐标轴的运动方向。

3. 培养学生积极动手的能力。

任务描述

在加工零件前,必须对加工该零件所选用的机床的性能及相关要求非常熟悉。

本任务就是熟练操作数控车床,并能运用方向键或手轮进行刀架的移动,熟悉坐标轴的运动方向。在实习教师的带领下做好车床开机前、通电后,以及实习结束后的维护和保养任务。

复习导入

1. 数控车床的开、关机操作练习,并明确开关机时的注意事项。

2. 数控车床面板的各项操作练习。

相关知识

一、数控车床开关机的一般步骤

数控车床基本操作

1. 开机

①开外部总电源。

②启动空压机。

③开 CNC 本身机体电源。

④开 CNC 计算机电源开关。

⑤当屏幕出现字体后,释放“急停按钮”。

⑥将模式开关置于原点复归,让车床走极限,直至各轴指示灯亮。

⑦原点复归后将车床的刀架移至离机械原点 75 mm 以上。(原点复归后将刀架 X、Z 两轴移至车床中间位置处)

⑧检查记忆保护开关是否在编辑位置。

2. 关机

①将各轴移至中间位置,确认主轴停止运转。

②将编辑锁定开关关闭。

③按下“急停按钮”。

④关 CNC 计算机电源。

⑤关 CNC 本身机体电源。

⑥关空压机。

二、数控车床的面板操作(全书以 FANUC Series 0i - MC 系统为例)

车床外形如图 1 - 3 - 1 所示,车床面板如图 1 - 3 - 2 所示,CRT/MDI 操作面板如图 1 - 3 - 3 所示。

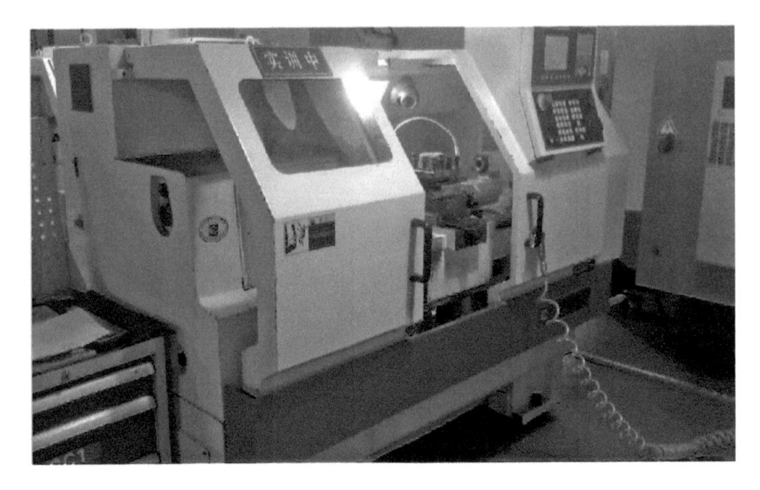

图 1－3－1　车床外形图

图 1－3－2　车床面板

图 1－3－3　CRT/MDI 操作面板

任务实施

①在实习教师的指导下，按操作步骤进行数控车床的各项操作练习。

②在实习教师的指导下，采用方向键或者使用手轮对数控车床工作台进行调整，熟悉工作台的运动方向。

注意

数控车床开关机时的注意事项：

①面板操作时，如果发生紧急情况，应立即按下“急停”按钮。

②手动或自动移动过程中，如果出现超程报警，必须转换到“手动”方式，然后按反方向轴移动按钮，退出超程位置，再按“RESET”复位键解除报警。

③注意手轮旋转的方向。

技能训练

撰写实训报告。

知识拓展

数控车床刀架进给的调整

数控车床刀架进给的调整是采用方向键通过产生触发脉冲的形式，或者使用手轮通过产生手摇脉冲的方式来实施的，主要有如下两种方式。

1. 粗调

切换至“手动”模式。先选择要移动的轴，再按轴移动方向按钮，则刀架作相应方向的连续移动，其移动速度受“JOG FEEDRATE”（快速倍率）按钮的控制，其移动距离受按压轴方向选择钮的时间控制，即按即动，即松即停。

采用该方式无法进行精确的尺寸调整，当移动量大时可采用此方法。

2. 微调

手轮是手摇脉冲发生器的简称，主要用于数控车床、加工中心等设备。它具有移动方便，抗干扰，绝缘强度高，防油污密封设计等优点。

切换至“手动脉冲”模式，在手轮中选择移动轴和进给增量，按“逆正顺负”方向旋动手轮手柄，则刀具主轴相对于工作台作相应方向的移动，其移动距离视进给增量档值和手轮刻度而定，手轮旋转360°，相当于100个刻度的对应值。

任务四　使用工量具

任务目标

1. 掌握工量具的使用方法。
2. 能用合适的工量具测量零件，提高测量的准确性和效率。

3. 培养认真、仔细的态度。

任务描述

本任务就是掌握车间常见工量具的用途和使用方法，并能用合适的工量具进行零件测量，为保证零件加工精度奠定基础。

复习导入

1. 学生进行数控车床的操作练习。
2. 根据实习指导教师的要求，进行坐标轴的移动，熟悉其运动方向。

相关知识

为了确保零件加工质量，应对被加工的零件进行尺寸、形状和位置精度的测量。用作测量的工具称为量具。量具的种类很多，下面介绍几种铣削加工中常用的量具。

一、钢直尺

钢直尺是最简单的长度量具，用不锈钢片制成，尺面上刻有尺寸刻度。

图 1－4－1 所示为常用的 150 mm 的钢直尺。

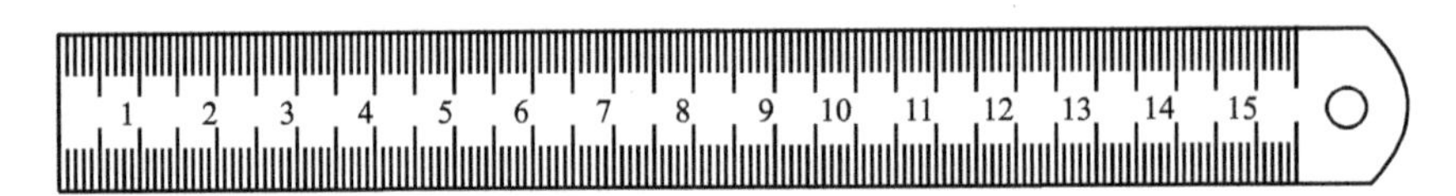

图 1－4－1　150 mm 钢直尺

钢直尺的长度规格一般有 150 mm、200 mm、300 mm、500 mm 等，其刻线本身的宽度有 0.1～0.2 mm，所以其测量零件长度尺寸的测量结果不太准确，其测量的读数误差比较大。一般用于零件尺寸的估计值。

二、游标卡尺

游标卡尺是一种常用的量具，具有结构简单、使用方便、精度中等和测量的尺寸范围大等特点，可以用它来测量零件的外径、内径、长度、宽度、厚度、深度和孔距等，应用范围很广。

1. 游标卡尺的结构

游标卡尺的种类很多，有普通游标卡尺，高度游标卡尺、深度游标卡尺、游标量角尺（如万能量角尺）和齿厚游标卡尺等。

游标卡尺的量程有 0～150 mm、200 mm、300 mm，测量精度一般为 0.05 mm，可以测量长度、外径、内径、深度。

图 1－4－2 所示为常用游标卡尺的结构形式。测量范围为 0～125 mm 的游标卡尺，制成带有刀口形的上下量爪和带有深度尺的形式。

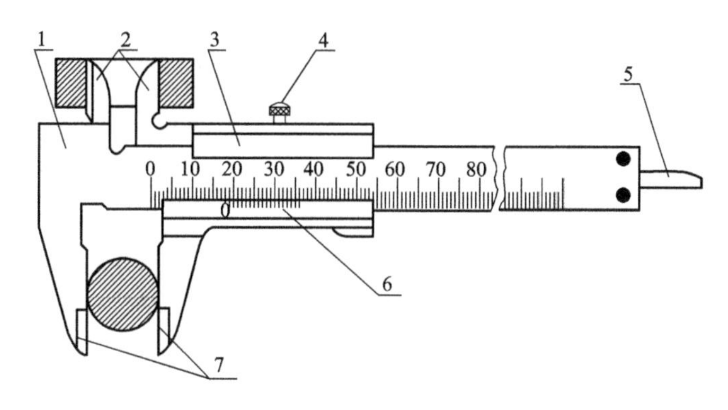

图 1-4-2　游标卡尺

1—尺身;2—上量爪;3—尺框;4—固定螺钉;5—深度尺;6—游标;7—下量爪

游标卡尺主要组成部分的特点如下:

(1)具有固定量爪的尺身,尺身上有类似钢尺一样的主尺刻度,如图 1-4-2 中的 1。主尺上的刻线间距为 1 mm。主尺的长度决定游标卡尺的测量范围。

(2)具有活动量爪的尺框,如图 1-4-2 中的 3。尺框上有游标,如图 1-4-2 中的 6,游标卡尺的游标读数值可制成为 0.1 mm、0.05 mm 和 0.02 mm 三种。游标读数值,是指使用这种游标卡尺测量零件尺寸时,卡尺上能够读出的最小数值。

(3)在 0～125 mm 的游标卡尺上,还带有测量深度的深度尺,如图 1-4-2 中的 5。深度尺固定在尺框的背面,能随着尺框在尺身的导向凹槽中移动。测量深度时,应把尺身尾部的端面靠紧在零件的测量基准平面上。

(4)测量范围等于和大于 200 mm 的游标卡尺,带有随尺框作微动调整的微动装置。使用时,先用固定螺钉把微动装置固定在尺身上,再转动微动螺母,活动量爪就能同尺框作微量的前进或后退。微动装置的作用,是使游标卡尺在测量时用力均匀,便于调整测量压力,减少测量误差。

目前我国生产的游标卡尺的测量范围及其游标读数值见表 1-4-1。

表 1-4-1　游标卡尺的测量范围和游标卡尺读数值　　单位:mm

测量范围	游标读数值	测量范围	游标读数值
0～25	0.02; 0.05; 0.10	300～800	0.05; 0.10
0～200	0.02; 0.05; 0.10	400～1 000	0.05; 0.10
0～300	0.02; 0.05; 0.10	600～1 500	0.05; 0.10
0～500	0.05; 0.10	800～2 000	0.10

2. 游标卡尺的读数方法

游标卡尺的读数机构是由主尺和游标两部分组成。当活动量爪与固定量爪贴合时,游标上的“0”刻线(简称游标零线)对准主尺上的“0”刻线,此时量爪间的距离为“0”。当尺框向右移动到某一位置时,固定量爪与活动量爪之间的距离,就是零件的测量尺寸。此时零件尺寸的整数部分,可在游标零线左边的主尺刻线上读出来,而比 1 mm 小的小数部分,可借助游标读数机构来读出。

读数前，应先明确所用游标卡尺的读数精度。实训车间一般采用游标读数值为 0.02 mm 的游标卡尺，下面介绍它的读数原理和读数方法。

读数时，先读出游标零线左边在尺身上的整数毫米数，然后在游标上找到与尺身刻线对齐的刻度，并读出小数值，最后将所读两数相加。

以图 1-4-3 为例，说明游标卡尺的读数方法。如图 1-4-3(a)所示，主尺每小格 1 mm，当两爪合并时，游标上的 50 格刚好等于主尺上的 49 mm，则游标每格间距 = 49 mm ÷ 50 = 0.98 mm，主尺每格间距与游标每格间距相差 = 1 - 0.98 = 0.02(mm)，0.02 mm 即为此种游标卡尺的最小读数值。

如图 1-4-3(b)所示，游标零线在 123 mm 与 124 mm 之间，游标上的 11 格刻线与主尺刻线对准，所以，被测尺寸的整数部分为 123 mm，小数部分为 11 × 0.02 = 0.22(mm)，被测尺寸为 123 + 0.22 = 123.22(mm)。

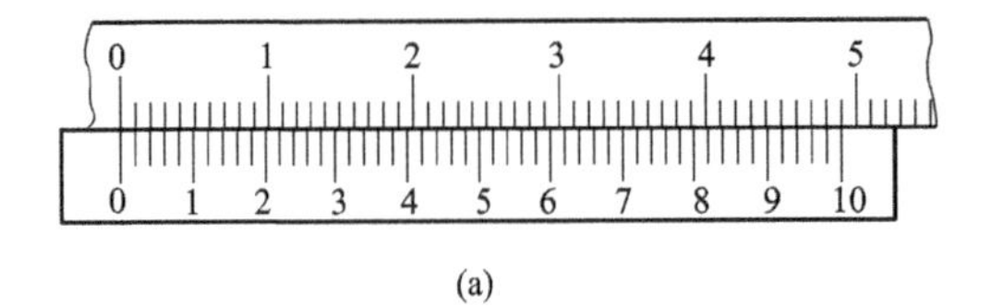

(a)

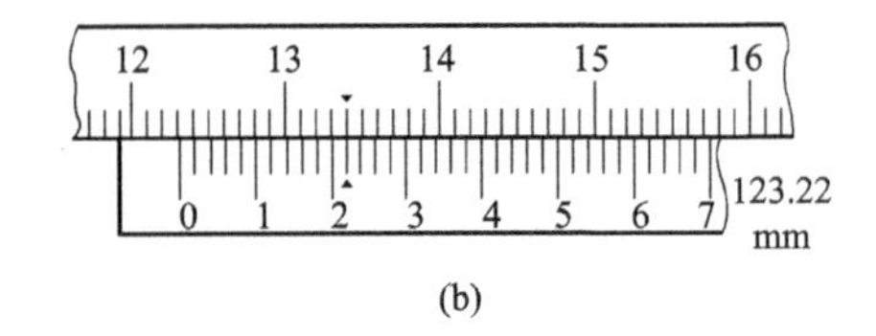

(b)

图 1-4-3　游标卡尺的读数

练习：如图 1-4-4 所示，判断游标上哪一条刻度线为主尺刻度线对准，并读数。

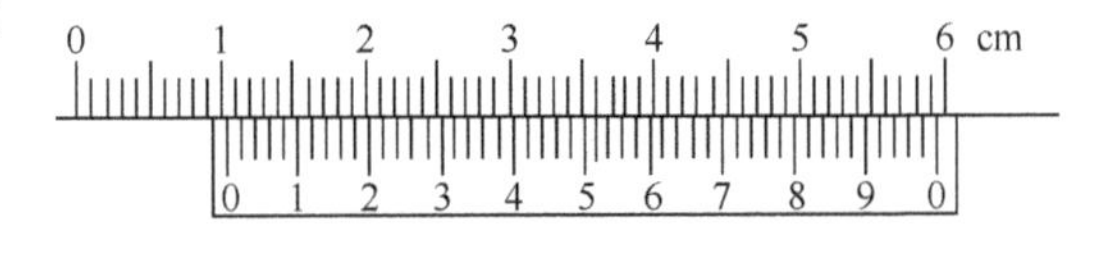

图 1-4-4　练习(游标卡尺读数)

3. 游标卡尺的使用方法

量具使用得是否合理，不但影响量具本身的精度，且直接影响零件尺寸的测量精度，甚至发生质量事故。所以，必须重视量具的正确使用方法，对测量技术精益求精，务必获得正确的测量结果，确保产品质量。

注意

使用游标卡尺测量零件尺寸时，必须注意下列几点：

①测量前应把卡尺揩干净，检查卡尺的两个测量面和测量刃口是否平直无损，把两个量爪紧密贴合时，应无明显的间隙，同时游标和主尺的零位刻线要相互对准。这个过程称为校对游标卡尺的零位。如果没有对齐，应记下误差值，以便测量后修正读数。

②移动尺框时，活动要自如，不应有过松或过紧，更不能有晃动现象。用固定螺钉固定尺框时，卡尺的读数不应有所改变。在移动尺框时，不要忘记松开固定螺钉，但不宜过松以免掉了。

③当测量零件的外尺寸时：卡尺两测量面的连线应垂直于被测量表面，不能歪斜。测量时，可以轻轻摇动卡尺，放正垂直位置。

④用游标卡尺测量零件时，不允许过分地施加压力，所用压力应使两个量爪刚好接触零件表面。如果测量压力过大，不但会使量爪弯曲或磨损，还会使量爪在压力作用下产生弹性变形，使测量的尺寸不准确(外尺寸小于实际尺寸，内尺寸大于实际尺寸)。

⑤用游标卡尺读数时，应把卡尺水平的拿着，朝着亮光的方向，使人的视线尽可能和卡尺的刻线表面垂直，以免由于视线的歪斜造成读数误差。

⑥为了获得正确的测量结果，可以多测量几次，即在零件的同一截面上的不同方向进行测量。对于较长零件，则应当在全长的各个部位进行测量，务必获得一个比较正确的测量结果。

4. 游标卡尺应用实例（见图 1－4－5）

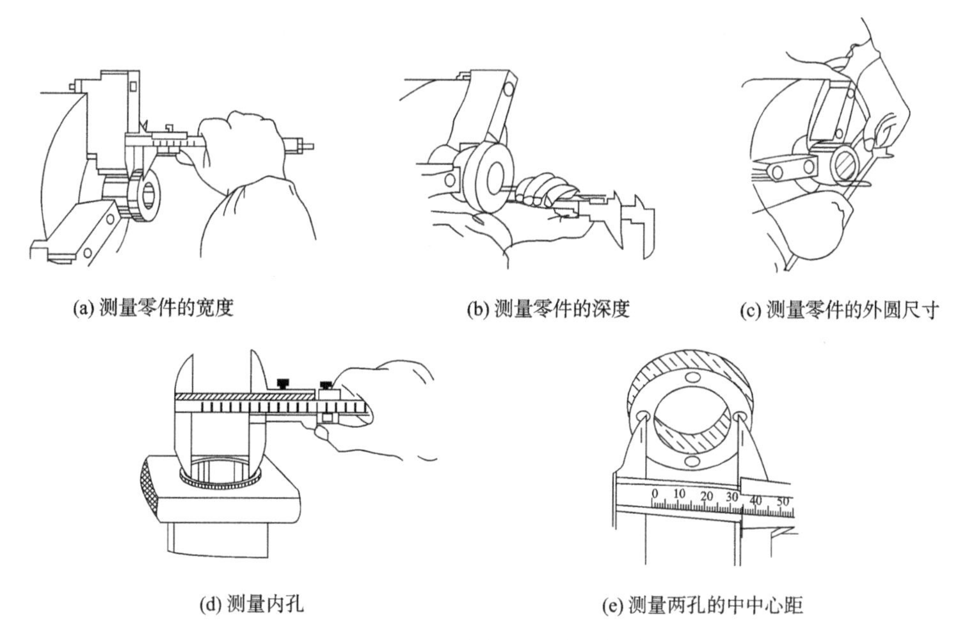

(a) 测量零件的宽度　(b) 测量零件的深度　(c) 测量零件的外圆尺寸

(d) 测量内孔　(e) 测量两孔的中中心距

图 1－4－5　游标卡尺应用实例

三、千分尺

应用螺旋测微原理制成的量具，统称为螺旋测微器。它们的测量精度比游标卡尺高，并且测量比较灵活，因此，当加工精度要求较高时多被应用。常用的螺旋测微量具有千分尺和百分尺。百分尺的读数值为 0.01 mm，千分尺的读数值为 0.001 mm。工厂习惯上把百分尺和千分尺统称为千分尺或分厘卡。目前车间里大量用的是读数值为 0.01 mm 的百分尺，如图 1－4－6 所示。

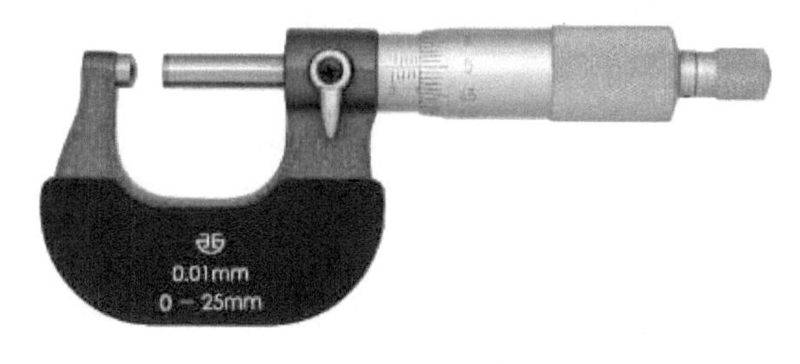

图 1－4－6　百分尺

1. 外径千分尺的结构

各种千分尺的结构大同小异，常用外径千分尺是用以测量或检验零件的外径、凸肩厚度以及板厚或壁厚等（测量孔壁厚度的千分尺，其量面呈球弧形）。外径千分尺由尺架、测微螺杆、测力装置和锁紧螺钉等组成，如图 1－4－7 所示。

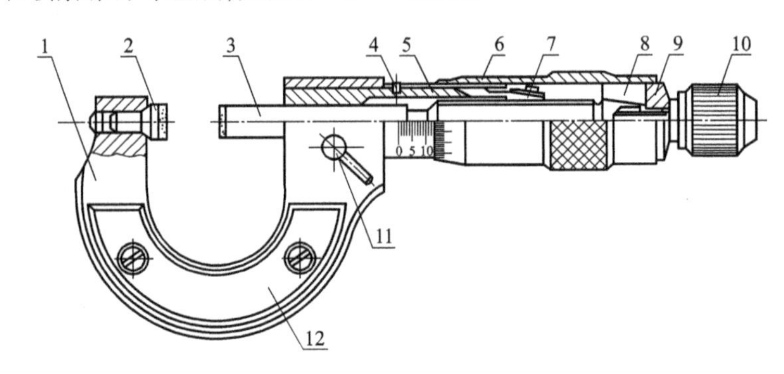

图 1－4－7　0～25 mm 外径千分尺

1—尺架；2—固定测砧；3—测微螺杆；4—螺纹轴套；5—固定刻度套筒；
6—微分筒；7—调节螺母；8—接头；9—垫片；10—测力装置；11—锁紧螺钉；12—绝热板

这是测量范围为 0～25 mm 的外径千分尺。尺架 1 的一端装着固定测砧 2，另一端装着测微头。固定测砧和测微螺杆的测量面上都镶有硬质合金，以提高测量面的使用寿命。尺架的两侧面覆盖着绝热板 12，使用千分尺时，手拿在绝热板上，防止人体的热量影响千分尺的测量精度。

2. 千分尺的工作原理和读数方法

（1）千分尺的工作原理

如外径千分尺的工作原理就是应用螺旋读数机构，它包括一对精密的螺纹——测微螺杆与螺纹轴套，如图 1－4－7 中的 3 和 4，和一对读数套筒——固定套筒与微分筒，如图 1－4－7 中的 5 和 6。用千分尺测量零件的尺寸，就是把被测零件置于千分尺的两个测量面之间。所以两测砧面之间的距离，就是零件的测量尺寸。当测微螺杆在螺纹轴套中旋转时，由于螺旋线的作用，测量螺杆就有轴向移动，使两测砧面之间的距离发生变化。如测微螺杆按顺时针的方向旋转一周，两测砧面之间的距离就缩小一个螺距。同理，若按逆时针方向旋转一周，则两砧面的距离就增大一个螺距。常用千分尺测微螺杆的螺距为 0.5 mm。因此，当测微螺杆顺时针旋转一周时，两测砧面之间的距离就缩小 0.5 mm。当测微螺杆顺时针旋转不到一周时，缩小的距离就小于一个螺距，它的具体数值，可从与测微螺杆结成一体的微分筒的圆周刻度上读出。微分筒的圆周上刻有 50 个等分线，当微分筒转一周时，测微螺杆就推进或后退0.5 mm，微分筒转过它本身圆周刻度的一小格时，两测砧面之间转动的距离为：$0.5 \div 50 = 0.01$ mm。

由此可知：千分尺上的螺旋读数机构，可以正确的读出 0.01 mm，也就是千分尺的读数值为 0.01 mm。

（2）千分尺的读数方法

在千分尺的固定套筒上刻有轴向中线，作为微分筒读数的基准线。另外，为了计算测微螺杆旋转的整数转，在固定套筒中线的两侧，刻有两排刻线，刻线间距均为 1 mm，上下两排相互错开 0.5 mm。

千分尺的具体读数方法可分为三步：

①读出固定套筒上露出的刻线尺寸，一定要注意不能遗漏应读出的 0.5 mm 的刻线值。

②读出微分筒上的尺寸，要看清微分筒圆周上哪一格与固定套筒的中线基准对齐，将格数乘 0.01 m 即得微分筒上的尺寸。

③将上面两个数相加，即为千分尺上测得尺寸。

例如：如图 1-4-8(a)所示，在固定套筒上读出的尺寸为 8 mm，微分筒上读出的尺寸为 27(格)×0.01 mm=0.27 mm，上两数相加即得被测零件的尺寸为 8.27 mm；如图 1-4-8(b)所示，在固定套筒上读出的尺寸为 8.5 mm，在微分筒上读出的尺寸为 27(格)×0.01 mm=0.27 mm，上两数相加即得被测零件的尺寸为 8.77 mm。

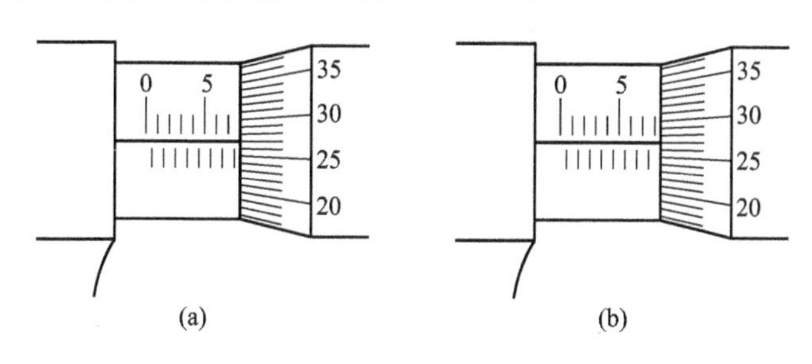

图 1-4-8　千分尺的读数

3. 千分尺的精度及其调整

千分尺是一种应用很广的精密量具，按其制造精度，可分 0 级和 1 级的两种，0 级精度较高，1 级次之。千分尺的制造精度主要由它的示值误差和测砧面的平面平行度公差的大小来决定，小尺寸千分尺的精度要求(见表 1-4-2)。从千分尺的精度要求可知，用千分尺测量 IT6～IT10 级精度的零件尺寸较为合适。

表 1-4-2　百分表的精度要求　　单位：mm

测量上限	示值误差		两测量面平行度	
	0 级	1 级	0 级	1 级
15；25	±0.002	±0.004	±0.001	±0.002
50	±0.002	±0.004	±0.0012	±0.0025
75；100	±0.002	±0.004	±0.0015	±0.003

千分尺在使用过程中，由于磨损，特别是使用不妥当时，会使千分尺的示值误差超差，所以应定期进行检查，进行必要的拆洗或调整，以保持千分尺的测量精度。

4. 千分尺的使用方法

千分尺使用得是否正确，对保持精密量具的精度和保证产品质量的影响很大，指导老师和实习学生必须重视量具的正确使用方法，使测量技术精益求精，务使获得正确的测量结果，确保产品质量。

使用千分尺测量零件尺寸时，必须注意下列几点：

①使用前，应把千分尺的两个测砧面揩干净，转动测力装置，使两测砧面接触（若测量上限大于 25 mm 时，在两测砧面之间放入校对量杆或相应尺寸的量块），接触面上应没有间隙和漏光现象，同时微分筒和固定套筒要对准零位。

②转动测力装置时，微分筒应能自由灵活地沿着固定套筒活动，没有任何轧卡和不灵活的现象。如有活动不灵活的现象，应送计量站及时检修。

③测量前，应把零件的被测量表面揩干净，以免有脏物存在影响测量精度。绝对不允许用千分尺测量带有研磨剂的表面，以免损伤测量面的精度。用千分尺测量表面粗糙的零件亦是错误的，这样易使测砧面过早磨损。

④用千分尺测量零件时，应当手握测力装置的转帽来转动测微螺杆，使测砧表面保持标准的测量压力，即听到咔咔的声音，表示压力合适，并可开始读数。要避免因测量压力不等而产生测量误差。

绝对不允许用力旋转微分筒来增加测量压力，使测微螺杆过分压紧零件表面，致使精密螺纹因受力过大而发生变形，损坏千分尺的精度。有时用力旋转微分筒后，虽因微分筒与测微螺杆间的连接不牢固，对精密螺纹的损坏不严重，但是微分筒打滑后，千分尺的零位走动了，就会造成质量事故。

⑤使用千分尺测量零件时（见图 1－4－9），要使测微螺杆与零件被测量的尺寸方向一致。如测量外径时，测微螺杆要与零件的轴线垂直，不要歪斜。测量时，可在旋转测力装置的同时，轻轻地晃动尺架，使测砧面与零件表面接触良好。

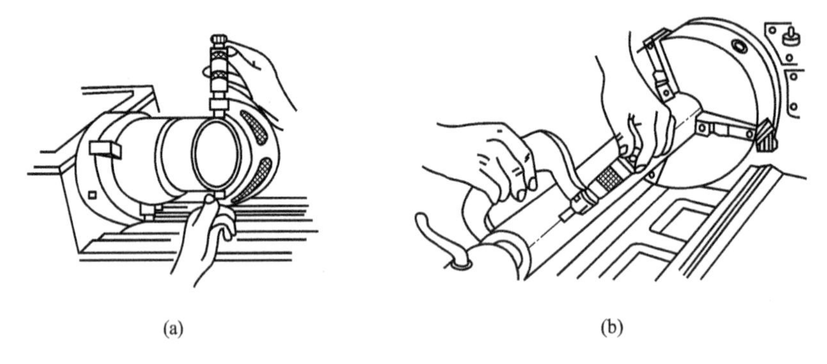

(a) (b)

图 1－4－9　在车床上使用外径千分尺的方法

⑥用千分尺测量零件时，最好在零件上进行读数，放松后取出千分尺，这样可减少测砧面的磨损。如果必须取下读数时，应用制动器锁紧测微螺杆后，再轻轻滑出零件，把千分尺当卡规使用是错误的，因为这样做不但易使测量面过早磨损，甚至会使测微螺杆或尺架发生变形而失去精度。

⑦在读取千分尺上的测量数值时，要特别留心不要读错。

⑧为了获得正确的测量结果，可在同一位置上再测量一次。尤其是测量圆柱形零件时，应在同一圆周的不同方向测量几次，检查零件外圆有没有圆度误差，再在全长的各个部位测量几次，检查零件外圆有没有圆柱度误差等。

⑨对于超常温的工件，不要进行测量，以免产生读数误差。

⑩用单手使用外径千分尺时，如图 1－4－10（a）所示，可用大拇指和食指或中指捏住活

动套筒，小指勾住尺架并压向手掌上，大拇指和食指转动测力装置就可测量。

用双手测量时，可按图 1－4－11(b)所示的方法进行。

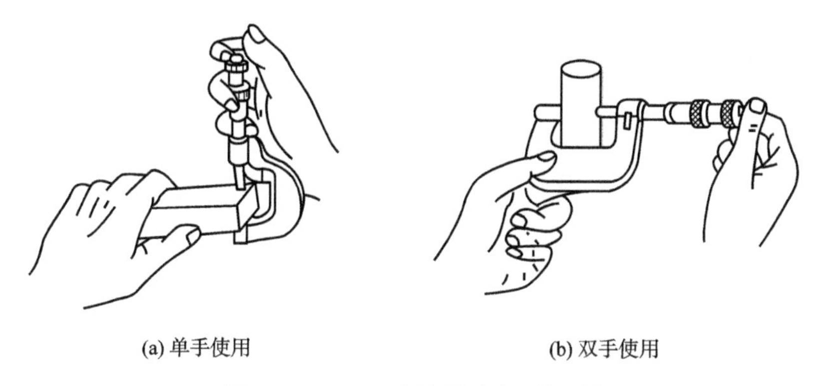

(a) 单手使用　　(b) 双手使用

图 1－4－10　正确使用千分尺的示例

值得提醒的几种使用外径千分尺的错误方法，比如用千分尺测量旋转运动中的工件，很容易使千分尺磨损，而且测量也不准确；又如想快一点得出读数，握着微分筒来回转（见图 1－4－11），这同碰撞一样也会破坏千分尺的内部结构。

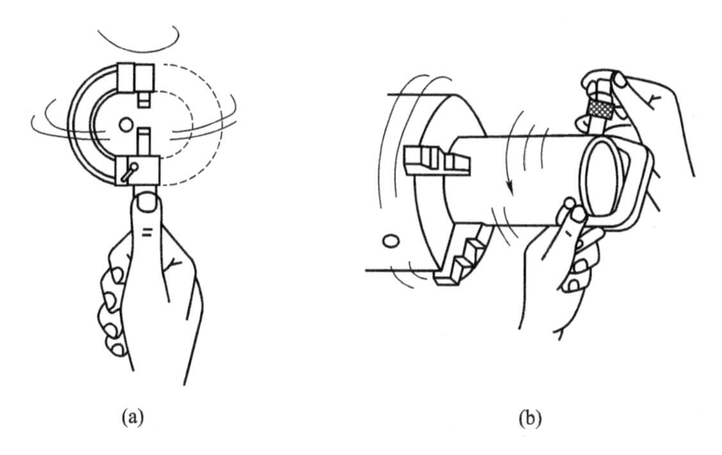

(a)　　(b)

图 1－4－11　错误使用千分尺的示例

四、百分表

百分表是用来校正零件或夹具的安装位置，检验零件的形状精度和相互位置精度的。

1. 百分表的结构

百分表（见图 1－4－12）是利用齿条齿轮传动，将测杆的直线位移变为指针的角位移的计量器具。百分表主要由 3 个部分组成：表体部分、传动系统、读数装置。百分表的工作原理，是将被测尺寸引起的测杆微小直线移动，经过齿轮传动放大，变为指针在刻度盘上的转动，从而读出被测尺寸的大小。

如图 1－4－13 所示为常用百分表的结构形式。

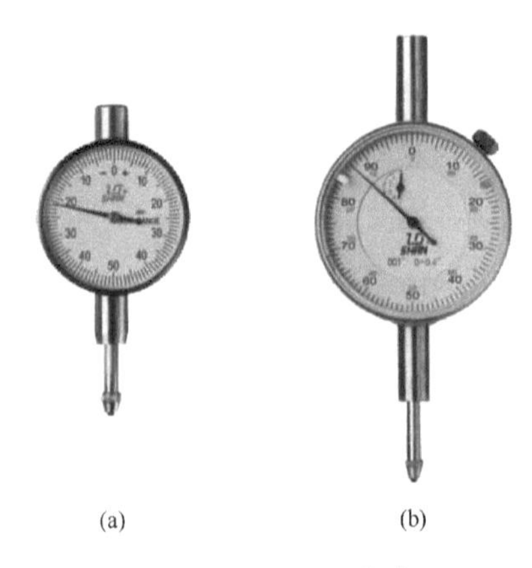

图 1-4-12　百分表

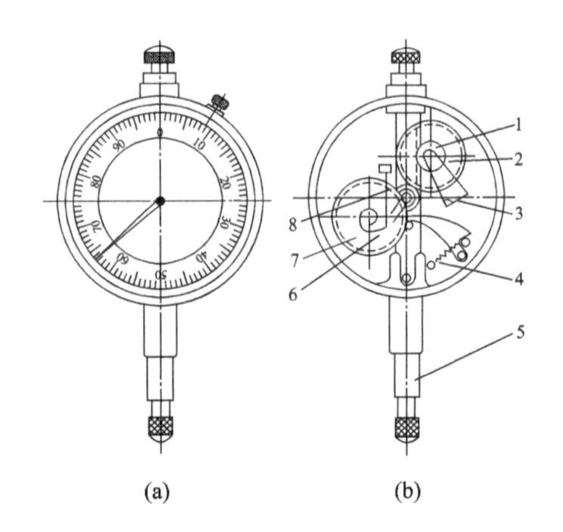

图 1-4-13　百分表的结构形式

1—小齿轮;2—大齿轮;3—中间齿轮;4—弹簧;
5—测量杆;6—指针;7—圆表盘;8—游丝

2. 百分表的读数方法

百分表的读数方法为:先读小指针转过的刻度线(即毫米整数),再读大指针转过的刻度线(即小数部分),并乘以 0.01,然后两者相加,即得到所测量的数值。

3. 百分表应用实例(见图 1-4-14)

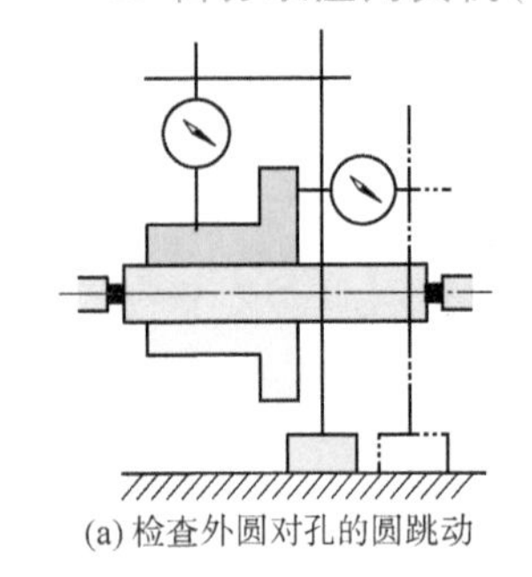

(a) 检查外圆对孔的圆跳动

(b) 检查工件两面的平行度

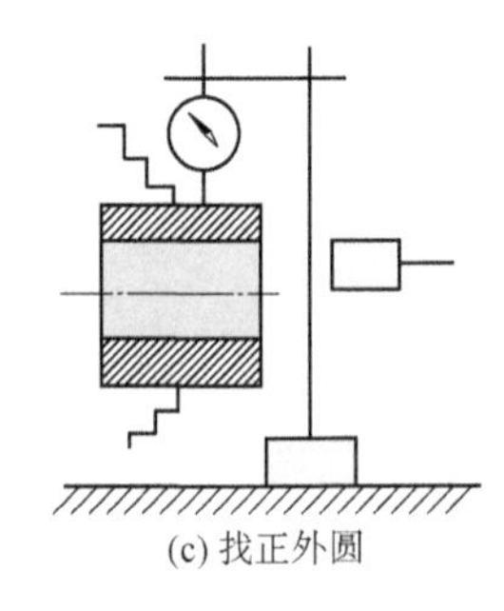

(c) 找正外圆

图 1-4-14　百分表应用实例

任务实施

①使用合适的量具测量工件。

②测量工件,并读取数值,提高测量的准确性和效率。

注意

工量具使用应注意的事项

①测量前,确认工量具是否归零。

②测量前,先将工件测量面的毛刺、油污、铁屑等清除,以免测量不准确。

③测量时,应与工件接触适当,不可偏斜,以免产生测量误差。

④测量力应适当,过大的测量力会产生测量误差,且容易对工量具产生损伤。

⑤使用工量具后,应清洁干净,并放入盒内盖好。

⑥不可私自拆卸、调整、装配工量具,应由专门人员实施。

技能训练

撰写实训报告。

知识拓展

工量具使用的安全操作规程：

①使用工量具必须按操作规程办事，不可因图省事而违章作业。

②掌握量具量仪的正确使用方法及读数原理，避免测错、读错现象。对于不熟悉的量具量仪，不要随便动用。测量时，应多测几次，取其平均值，并要练习用一只眼读数，视线应垂直对准所读刻度，以减少视差。在估读不足一格的数值时，最好使用放大镜读数。

③量具量仪的管理和使用，一定要落实到人，并订出维护保养制度，认真执行。量具量仪除规定专人使用外，其他人如要动用，需经负责人和使用者同意。

④仪器各运动部分，要按时加油润滑，但加油不宜过多。

⑤各种光学件不要用手去摸，因为手指上有汗、有油、有灰尘。镜头脏了，应使用镜头纸、干净的绸布或麂皮擦拭。如果沾了油斑，可用脱脂棉蘸少许酒精（或酒精和乙醚混合液），把油斑轻轻擦去。如果蒙上了灰尘，则用软毛刷刷去即可。

⑥仪器必须严格调好水平，使仪器各部在工作时，不受重力的影响。

⑦仪器的某些运动部分，在停机时（非工作状态），应使其处于自由状态或正常位置，以免长期受力变形。

⑧仪器的运动部分发生故障时，在未查明原因之前，不可强行转动或移动，以免发生人为的伤损。

⑨仪器上经常旋动的螺钉，不可拧得太紧。

⑩仪器检测的零件必须清除尘屑、毛刺和磁性，非加工面要涂漆。

⑪量具量仪勿置于磁场附近，避免因磁化而使测量面吸附切屑，加大测量误差。例如磁性工作台、磁性卡盘都有磁场，卡尺、千分尺不要放在它们旁边。

⑫粗加工用一般量具，精加工用精密量具。

⑬测量前，量具先要进行校对，如无问题，方可进行测量。同时，量具量仪的测量面与零件的被测面要擦拭干净，以免灰尘、切屑夹杂其中，加大测量误差。

⑭测量时切勿用力过猛，要让量具量仪的测量面轻轻接触零件。凡是有测力装置的量具，应充分使用这种装置使测量面慢慢接触零件。

⑮在机床上测量零件时，应待机床停稳后，方可进行，以免损坏量具，并防止造成人身事故。

⑯量具除用来检测零件外，不可作其他工具的代用品。例如不可用量具代替划针、锤子、螺丝刀、扳手等。

⑰量具应放置在平稳安全的地方，严防受压，切勿掉落。用过后的量具要及时擦干净，在测量面上涂上防锈油，然后放进量具包装盒内。两个测量面不要紧靠在一起，以防加速锈蚀。

⑱切勿将量具与其他工具混放。在工具箱中，量具与刃具、磨料、砂布等应分格存放。

⑲量具量仪要定期检定，并做好记录。每台仪器应建立周期鉴定卡。不合格的量具量仪坚决不用。

任务五　维护与保养数控车床

任务目标

掌握数控车床的维护与保养。

任务描述

在企业生产中，数控车床能否达到加工精度高、产品质量稳定、提高生产效率的目标，这不仅取决于车床本身的精度和性能，很大程度上也与操作者在生产中能否正确地对数控车床进行维护保养和使用密切相关。

只有坚持做好对车床的日常维护保养工作，才可以延长元器件的使用寿命，延长机械部件的磨损周期，防止意外恶性事故的发生，争取车床长时间稳定工作；也才能充分发挥数控车床的加工优势，达到数控车床的技术性能，确保数控车床能够正常工作，因此，这无论是对数控车床的操作者，还是对数控车床的维修人员来说，数控车床的维护与保养就显得非常重要，必须高度重视。

本任务就是让车床操作者或维修人员熟练掌握数控车床的维护与保养知识。

如何提高车床使用寿命。

相关知识

数控车床的维护与保养

1. 数控车床的日常维护与保养的内容

(1)日检

日检主要项目包括液压系统、主轴润滑系统、导轨润滑系统、冷却系统和气压系统的检查。日检就是根据各系统的正常情况来加以检测。例如，当进行主轴润滑系统的过程检测时，电源灯应亮，油压泵应正常运转，若电源灯不亮，则应保持主轴停止状态，与机械工程师联系，进行维修。

(2)周检

周检主要项目包括对车床零件和主轴润滑系统的检查，特别是对车床零件要清除铁屑，进行外部杂物清扫。

(3)月检

月检主要是对电源和空气干燥器进行检查。电源电压在正常情况下额定电压 180 ~ 220V，频率 50Hz，如有异常，要对其进行测量、调整。空气干燥器应该每月拆一次，然后进行清洗、装配。

(4)季检

季检应该主要从车床床身、液压系统、主轴润滑系统三方面进行检查。例如,对车床床身进行检查时,主要检查车床精度、车床水平是否符合手册中的要求,如有问题,应马上和机械工程师联系。对液压系统和主轴润滑系统进行检查时,如有问题,应分别更换新油 6 L 和 20 L,并对其进行清洗。

(5)半年检

半年检应该对车床的液压系统、主轴润滑系统,以及 X 轴进行检查,如出现问题,应该更换新油,然后进行清洗工作。

2. 数控车床维护与保养的基本要求

(1)思想上高度重视

在思想上要高度重视数控车床的维护与保养工作,尤其是对数控车床的操作者更应如此,不能只管操作,而忽视对数控车床的日常维护与保养。

(2)提高操作人员的综合素质

数控车床的使用比使用普通车床的难度要大,因为数控车床是典型的机电一体化产品,它牵涉的知识面较宽,即操作者应具有机、电、液、气等更宽广的专业知识;再有,由于其电气控制系统中的 CNC 系统升级、更新换代比较快,如果不定期参加专业理论培训学习,则不能熟练掌握新的 CNC 系统应用。因此对操作人员提出的素质要求是很高的。为此,必须对数控操作人员进行培训,使其对车床原理、性能、润滑部位及其方式,进行较系统的学习,为更好地使用车床奠定基础。同时,在数控车床的使用与管理方面,制定一系列切合实际、行之有效的措施。

(3)要为数控车床创造一个良好的使用环境

由于数控车床中含有大量的电子元件,它们最怕阳光直接照射,也怕潮湿和粉尘、震动等,这些均可使电子元件受到腐蚀变坏或造成元件间的短路,引起车床运行不正常。为此,对数控车床的使用环境应做到保持清洁、干燥、恒温和无震动;对于电源应保持稳压,一般只允许 ±10% 的波动。

(4)严格遵循正确的操作规程

无论是什么类型的数控车床,它都有一套自己的操作规程,这既是保证操作人员人身安全的重要措施之一,也是保证设备安全、使用产品质量等的重要措施。因此,使用者必须按照操作规程正确操作,如果车床在第一次使用或长期没用时,应先使其空转几分钟,并要特别注意使用中开机、关机的顺序和注意事项。

(5)要冷静对待车床故障,不可盲目处理

车床在使用中不可避免地会出现一些故障,此时操作者要冷静对待,不可盲目处理,以免产生更为严重的后果,要注意保留现场,待维修人员来后如实说明故障前后的情况,并积极参与,共同分析问题,尽早排除故障。故障若属于操作原因,操作人员要及时汲取经验,避免下次犯同样的错误。

(6)制订规章制度

制订并且严格执行数控车床管理的规章制度。

3. 数控设备使用中应注意的问题

(1)数控设备的使用环境

为延长数控设备的使用寿命,一般要求避免阳光的直接照射和其他热辐射,避免太潮湿、粉尘过多或有腐蚀气体的场所。精密数控设备要远离震动大的设备,如冲床、锻压设备等。

(2)良好的电源保证

为了避免电源波动幅度大(大于 ±10%)和可能的瞬间干扰信号等影响,数控设备一般采用专线供电(如从低压配电室分一路单独供数控车床使用)或增设稳压装置等,都可减少供电质量的影响和电气干扰。

(3)制订有效的操作规程

在数控车床的使用与管理方面,应制订一系列切合实际、行之有效的操作规程。例如润滑、保养、合理使用及规范的交接班制度等,是数控设备使用及管理的主要内容。制订和遵守操作规程是保证数控车床安全运行的重要措施之一。实践证明,众多故障都可由遵守操作规程而减少。

(4)数控设备不宜长期封存

购买数控车床以后要充分利用,尤其是投入使用的第一年,使其容易出故障的薄弱环节尽早暴露,得以在保修期内排除。加工中,尽量减少数控车床主轴的启闭,以降低对离合器、齿轮等器件的磨损。没有加工任务时,数控车床也要定期通电,最好是每周通电 1 ~2 次,每次空运行 1 h 左右,以利用车床本身的发热量来降低机内的湿度,使电子元件不致受潮,同时也能及时发现有无电池电量不足报警,以防止系统设定参数的丢失。

任务实施

在实习教师的带领下做好车床开机前、通电后,以及实习结束后的维护和保养。

技能训练

撰写实训报告。

编制轴类零件外圆及端面程序

任务一　编制基本程序

任务目标

1. 了解简单编程指令的含义。
2. 掌握编程各基本指令的格式。
3. 激发学习兴趣，端正学习态度。

任务描述

本任务是熟练掌握数控车床编程的基本指令和编程指令的格式，重点掌握零件编程的方法，同时能编制简单轮廓的轨迹。

复习导入

普通车床切削零件→数控车床切削零件→指令控制→什么是编程基本指令？

完成如图2-1-1所示零件加工需要哪些基本编程指令？（本书图中所标尺寸未作特殊说明，均以mm为单位）

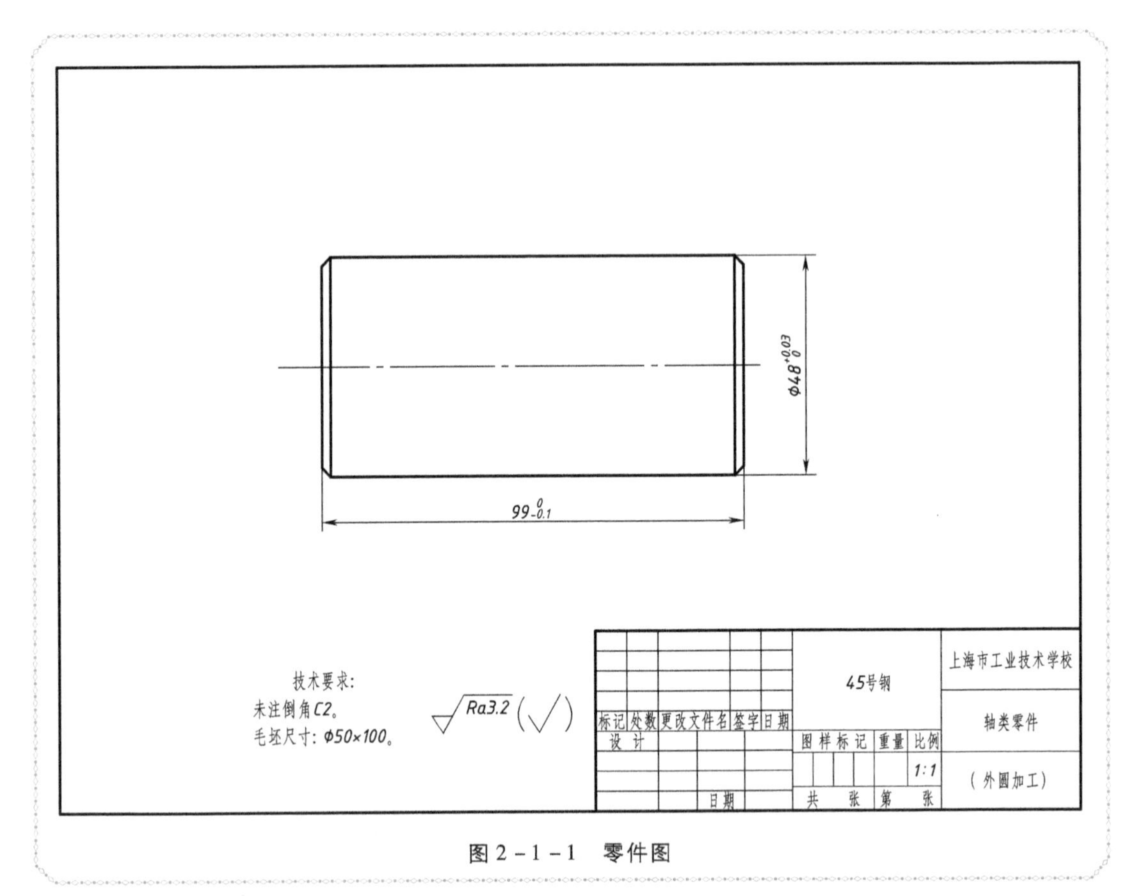

图 2-1-1　零件图

相关知识

一、编程的基本指令

(一)数控车床的准备功能

准备功能指令又称 G 代码指令,是数控车床准备好某种运动方式的指令。如快速定位、直线插补、圆弧插补、刀具补偿、固定循环等,G 代码有 G00 ~ G99 共 100 种。目前也有超出 100 种的,例如德国 PA8000NT 系统中有 G190 取消直径编程和 G191 直径编程。

在编程时应注意以下几个问题。

①直径和半径编程:一般数控车床出厂时均设定为直径编程。

②绝对值与增量值编程:FANUC 系统/华中数控系统中绝对值用 G(地址)00X __ Z __,增量值用 G(地址)00U __ W __;西门子系统中绝对指令用 G(代码)90G00X __ Z __,增量指令用 G(代码)91G00U __ W __。

③公制与英制编程:我国采用公制尺寸,FANUC 系统/华中数控系统用 G20 表示英制、G21 表示公制;西门子系统用 G70 表示英制、G71 表示公制。

④模态与非模态:模态指令也称续效指令,一经程序段中指定便一直有效,与上段相同的模态指令可省略不写,直到以后程序中重新指定同组指令时才失效,而非模态指令仅在本程序段中有效。在 G 代码表中 00 组的为非模态指令,其他均为模态 G 代码。

⑤小数点的输入：在数控系统中允许小数点输入，也可以不用，这与数控系统参数设置有关，因此在实际使用中最好输入小数点，例如 G00X1. 表示 X1 mm；G00X1 表示 X0.001 mm。小数点的有无可混合使用，例如 X1000Z5.7 表示 X 方向 1 mmZ 方向 5.7 mm。可使用小数点指令的地址有：X，Y，Z，U，V，W，A，B，C，I，J，K，R，F。比最小设定单位小的指令值被舍去，例如 X1.23456，最小设定单位为 0.001 mm 时为 X1.234；技能鉴定时一般多保留小数点后三位。

⑥数控车床的程序格式。

数控车床的程序开头是程序号。FANUC 系统/华中数控系统的程序号用 O××××，华中程序号后跟程序名%××××，西门子系统的程序号一般开始的两个符号必须为字母，后面的符号可以是字母、数字或下划线，最多为 8 个字符，不可用分隔符。“;”之后为加工指令程序段；最后是程序段结束符。程序段构成：N—G—X(U)—Z(W)—F—M—S—T—；N×××× 为程序段的顺序号，FANUC 系统/华中系统可以不写顺序号，G54、G94、G17 等为准备功能，X(U)为 X 轴移动指令，Z(W)为 Z 轴移动指令，F100 为进给功能，M03 为辅助功能，S800 为主轴功能，T 为刀具功能，“;”为程序段结束符。

（二）辅助功能

辅助功能又称 M 功能，由字母 M 和其后两位数字组成，该功能主要用于控制主轴启动、旋转、停止、程序结束等方面辅助动作的指令。

（三）其他功能

1. F 功能（切削进给功能）

F 指令为模态指令，F 指令有三种形式：

①每分钟进给量(mm/min)G98　F1～15000。

②每转进给量(mm/r)G99　F0.0001～500.0000，一般数控机床系统默认 G99 模式。

③螺纹切削进给速度(mm/r)G32、G76、G82、G92 F0.0001～500.0000，指定螺纹的螺距。

2. S 功能（主轴功能）

主轴功能指令是设定主轴转速的指令。有三种主轴转速的控制指令：

①主轴最高转速的设定 G50 S2000 r/min。

②设定主轴线速度恒定指令 G96 S80 m/min。

切削速度 $v_C = n \times \pi \times D/1000$

③直接设定主轴转速指令（也称恒转速控制）G97 S1000 r/min。

3. T 功能（刀具功能）

由地址字 T 后面跟二位/四位数字表示。例如：调用第 3 号刀具指令 T0303，若要取消刀具补偿时 T0300 或 T33，T30。每把刀加工结束必须取消刀具补偿。

二、编程的基本方法

（一）坐标系的设定

1. 机床坐标系和工件坐标系

①机床坐标系是机床固有的，有的以机床原点 O 为坐标系原点，有的直接将机床原点设在参考点处。

②工件坐标系是加工工件所使用的坐标系，也是编程时使用的坐标系，所以又称编程坐

标系，通常把零件的基准点作为工件原点。

2. 工件坐标系的设定

(1)设置刀具起点的方法(G50 或 G92)

格式：G50 或 G92 X ___ Z ___

说明：X，Z 表示刀具起点在工件坐标系中的坐标值。

(2)工件原点偏置的方法(G54 ~ G59)

格式：G54 ~ G59 六个工件坐标系

说明：指令后参数(X，Z)值是工件原点在车床坐标系中的坐标值。

在编程时将 G54 编在加工程序的第一段，将测得的 X，Z 值分别输入到车床偏置寄存器中。

例如
```
O0003
G54 G94
M04          S800(M04 为反转，M03 为正转，仿真系统正反转都可以)
T0101        (车床上根据刀架的前后置设定正反转)
```

3. 用刀具补偿指令设定(T××××)

例如
```
O0001
N10          T0100
N20          S800 M03
N30          G00 X40. Z5. T0101
……
N100         G00 X100. Z100.
N110         T0100
N120         M05
N130         M30
```

(二)基本移动指令

1. 快速定位(G00)

使刀具以车床规定的参数速度移动到目标点，又称定位点。在移动时不加工。

格式：G00 X(U)____ Z(W)____

说明：X，Z 表示目标点的绝对坐标；U，W 表示目标点的增量坐标。

2. 直线插补(G01)

该指令用于直线和斜线运动。

格式：G01 X(U)____ Z(W)____ F ____

说明：一般，F200 mm/min 粗加工，F100 精加工。

3. 圆弧插补(G02、G03)

指令：G02 为顺时针圆弧插补，G03 为逆时针圆弧插补。

格式：G02 X(U)___ Z(W)___ R ___ F ___

G03 X(U)___ Z(W)___ I ___ K ___ F ___

说明：

①沿着不在圆弧所在平面的第三轴，正向向负向看，顺时针为 G02，逆时针为 G03。

②X，Z 为圆弧终点的绝对坐标；U，W 为圆弧终点的增量坐标。

③R 为圆弧半径；半径值 I，K 表示圆心相对于圆弧起点在坐标方向的增量。

三、参考点

参考点是机床上某一特定的位置，一般位于机床移动部件沿坐标轴正向移动的极限位置，该点在制造厂出厂时调好，一般不允许随意变动。

1. 返回参考点（G28）

格式：G28 X（U）____ Z（W）____（中间点的坐标位置）　T0100（必须取消刀具补偿）

2. 从参考点返回（G29）

格式：G29 X（U）____ Z（W）____（目标点坐标）

任务实施

默写图 2－1－2 所示零件图的基本移动指令和辅助指令的名称和格式。

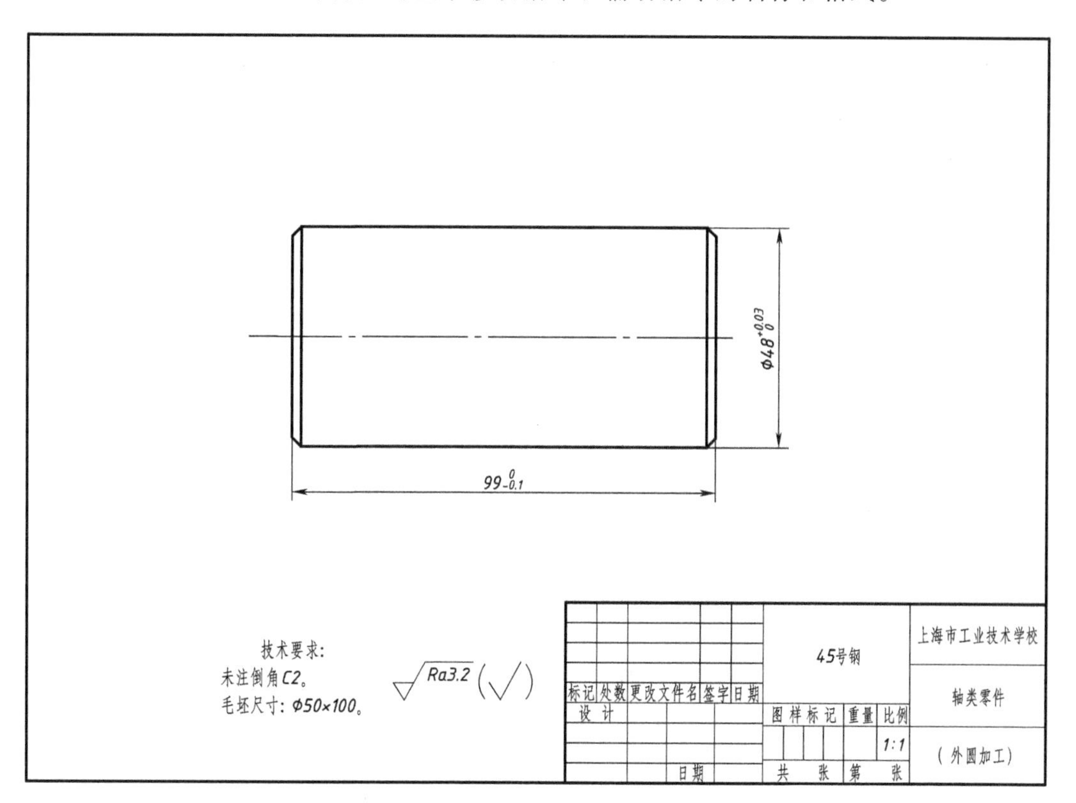

图 2－1－2　零件图

小贴士

O0001

T0101　　1 号刀具，刀补号为 1

```
M4S800           主轴反转每分钟800转
G00X52.Z5.       循环点定位
G00X44.          快速点定位
G01Z0F0.12       直线插补
X48.Z-2.         倒角
Z-60.            直线插补
X52.             切离工件
G00X80.          退刀
Z100
M30              程序结束
```

技能训练

背诵编程指令。

任务二　安装外圆车刀与对刀

任务目标

1. 掌握外圆车刀的安装方法。
2. 掌握轴类零件的对刀和参数设置的方法。
3. 激发学生的主观能动性。

任务描述

本任务是学会对零件进行外圆、端面车削，同时会进行对刀及参数设置，为加工出符合图纸要求的合格零件做准备。

数控车床刀具的选择与安装

复习导入

数控指令控制切削加工零件如何实现？

相关知识

一、对刀的基本概念

①对刀是数控加工中较为复杂的工艺准备工作之一，对刀的好与差将直接影响加工程序的编制及零件的尺寸精度。通过对刀或刀具预调，还可同时测定其各号刀的刀位偏差，有利于设定刀具补偿量。

②对刀是数控加工中的主要操作。结合车床操作说明掌握有关对刀方法和技巧，具有十分重要的意义。在加工程序执行前，调整每把刀的刀位点，使其尽量重合于某一理想基准点，这一过程称为对刀。理想基准点可以设定在刀具上，如基准刀的刀尖上；也可以设定在刀具外，如光学对刀镜内的十字刻线交点上，各种类型的车刀如图2-2-1所示。

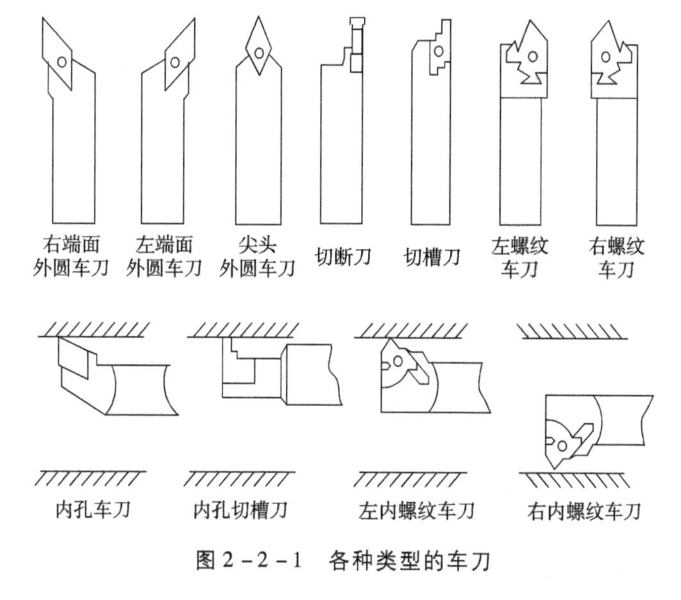

图 2－2－1　各种类型的车刀

二、刀具的装夹

装夹在刀架上的外圆车刀不宜伸出太长，否则刀杆的刚度降低，在切削时容易产生振动，直接影响加工工件的表面粗糙度，甚至有可能发生崩刃现象，车刀的伸出长度一般不超出刀杆厚度的 2 倍，如图 2－2－2 所示。车刀刀尖应与机床主轴中心线等高，如不等高，应用垫刀片垫高。垫刀片要平整，尽量减少垫刀片的片数，一般只用 2～3 片，以提高车刀的刚度。另外，车刀刀杆中心线应与机床主轴中心线垂直，车刀要用两个刀架螺钉压紧在刀架上，并逐个轮流拧紧。拧紧时应使用专用扳手，不允许再加套管，以免使螺钉受力过大而损伤。

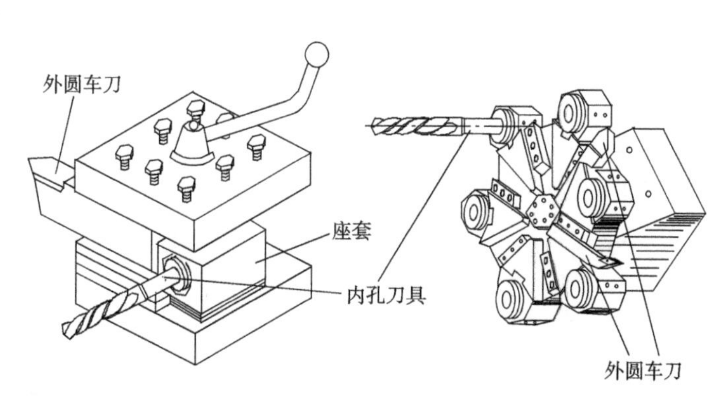

图 2－2－2　刀具的装夹

三、对刀的基本方法

目前绝大多数的数控车床采用手动对刀，其基本方法有以下几种：

1. 定位对刀法

定位对刀法的实质是按接触式设定基准重合原理而进行的一种粗定位对刀方法，其定位基准由预设的对刀基准点来体现。对刀时，只要将各把刀的刀位点调整至与对刀基准点重合即可。该方法简便易行，因而得到较广泛的应用，但其对刀精度受到操作者技术熟练程度的影响，一般情况下其精度都不高，还需在加工或试切中修正。

2. 光学对刀法

光学对刀法是一种按非接触式设定基准重合原理而进行的对刀方法，其定位基准通常由光学显微镜（或投影放大镜）上的十字基准刻线交点来体现。这种对刀方法比定位对刀法的对刀精度高，并且不会损坏刀尖，是一种推广采用的方法。

3. 试切对刀法

在各种手动对刀方法中，均因可能受到手动和目测等多种误差的影响以至于对刀精度十分有限，往往需要通过试切对刀，以得到更加准确和可靠的结果。

数控车床对刀及参数设置

一、外圆刀试切法对刀

①首先，按下机床控制面板上的“MDI”键，进入手动数据输入运行方式，接着在语句区内输入单段程序段“M3 S600”，按下 CNC 控制面板上的“Enter”键结束程序段输入，再按下机床控制面板上的“循环启动”键，此时机床主轴正转，转速为 600 r/min。

②主轴转动后，在语句区输入“T0101”键结束程序段输入，再按下机床控制面板上的“循环启动”键，选刀架上的外圆刀为当前刀具。

③在机床控制面板上按下“手动”键，再分别按下“ - Z”键和“ - X”键，使刀具离开换刀点，刀尖对准工件毛坯的右端面，并约有 0.4 mm 的切削量，如图 2 - 2 - 3 所示，然后进行右端面切削，如图 2 - 2 - 4 所示。进行右端面切削时应注意控制进给速度，如进给速度太快，可通过进给速度修调旋钮降低进给速度。切完右端面后，按下“ + X”键，使刀尖离开工件在合适的位置停下，再按下“主轴停止”键。

图 2 - 2 - 3　刀尖对准工件毛坯的右端面

图 2 - 2 - 4　进行右端面切削

> **注意**
>
> 不要按下 Z 轴点动键，否则就要重新切端面对刀。

④在 CNC 控制面板上按下“主菜单”键，在主菜单中按下“偏置”补偿键，进入刀具补偿页面，由于现在进行的是 Z 轴对刀，将光标移动到“试切长度”编辑区，输入工件长度“Z0”，然后按下“测量”键确认，完成外圆刀 Z 轴方向的对刀。

⑤按下“主轴正转”键，此时机床主轴正转。

⑥按下“增量”键，再分别按下 X 轴点动键和 Z 轴点动键，使刀尖 Z 轴位于离工件右端面约 2 mm 处，X 轴位于工件有 1 ~ 2 mm 背吃刀量处，如图 2 - 2 - 5 所示。按下“ - Z”键，切削工件外圆，切削时控制进给速度。切出约 10 mm 长度的外圆后，如图 2 - 2 - 6 所示，按下“ + Z”键，使刀尖离开工件在合适的位置停下，如图 2 - 2 - 7 所示。再按下“主轴停止”键，使主轴停止转动。用游标卡尺测量加工后外圆的直径，并记住此值，例如该值为 36. 73 mm。

图 2 - 2 - 5　使 Z 轴位于工件右端面约 2 mm 处

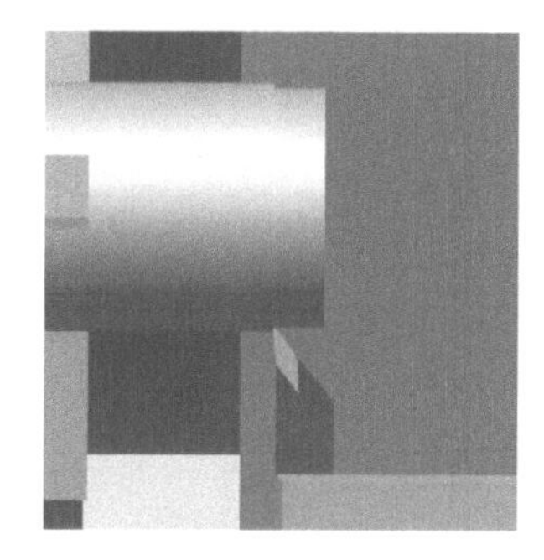

图 2 - 2 - 6　切削约 10 mm 长度的外圆

图 2 - 2 - 7　刀尖离开工件

⑦在 CNC 控制面板上按下“主菜单”窗口，在主菜单中按下“偏置”补偿键，进入刀具补偿页面，由于现在进行的是 X 轴对刀，将光标移动到“试切直径”编辑区，输入工件直径 X36. 73，然后按下“测量”键确认，完成外圆刀 X 轴方向的对刀。

⑧按下“刀具选择”键，选择到下一把刀。再按下“刀具转换”键进行到位转换，换到 T0202 号刀进行对刀试切后加工。

二、机床操作

1. 加工准备

①阅读零件图，并按图纸要求检查坯料的尺寸 $\phi50 \times 100$ mm。

②开机，车床回参考点。

③输入程序并校验该程序。

④安装夹紧工件。先将毛坯安装在三爪自定心卡盘上，校正夹紧，工件悬伸出足够的长度。

⑤刀具准备。

将刀尖角为 55°的外圆车刀牢固的夹紧在方刀架上，主偏角取 91° ~ 93°。安装刀具时要保证刀具悬伸长度满足零件的厚度要求，并考虑刀具的刚性。

2. 对刀，正确输入偏置数据

(1) X 向对刀

本例选择刀具试切法对毛坯的 X 向进行外圆车削的对刀操作，测量得到 X 值，将数据通过“刀具测量”键输入到工具偏置形状 X 中。

(2) Z 向对刀

用刀具试切毛坯端面，得到 Z 零偏值，并输入工具偏置形状 Z 值中。

(3) 偏置中磨耗输入

将磨耗 0.8 mm（粗加工）输入到工具补正磨耗中与其程序对应的地址符号 X 中。

3. 程序输入

在编辑状态下输入正确的程序。

4. 程序校验

锁住机床，将加工程序输入数控系统，在“图形模拟”功能下，实现图形轨迹的校验，校验结束需回零。

5. 试运行

单段运行，程序运行到循环点，检验对刀正确性。

6. 结束加工

松开夹具，卸下工件，清理机床。

技能训练

完成实训自我小结表（见附件 A）。

任务三　车削加工光轴

任务目标

1. 掌握简单轴类零件的车削加工工艺。
2. 掌握光轴的编程和车削加工方法。
3. 培养学生积极动手的能力。

任务描述

本任务是学会对零件进行外圆、端面车削，在数控车床上完成零件加工，重点控制零件外圆尺寸和长度尺寸，加工出符合图纸要求的合格零件。

复习导入

指令控制切削加工零件如何实现？

任务导入

车削简单轴类零件外圆、端面，零件图如图 2－3－1 所示。

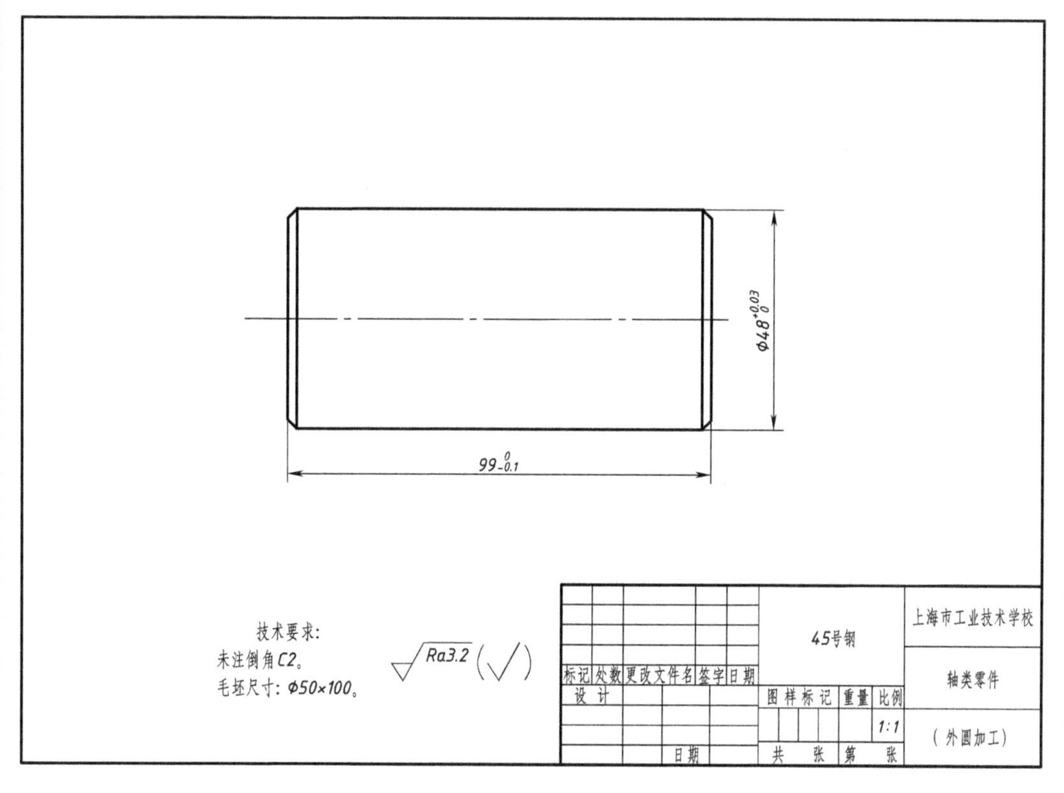

图 2－3－1　零件图

相关知识

一、工艺分析

1. 零件的结构、技术要求分析

经过对零件图 2－3－1 的分析可以看出，本零件为光轴零件，需要调头加工，毛坯材料为铝，尺寸为 $\phi50\times100$ mm，车间现有机床能满足加工需求，根据粗糙度要求分析零件无须磨削加工。外圆尺寸 $\phi48^{+0.03}_{0}$、长度尺寸 $99^{0}_{-0.1}$ 有公差要求，需要加工到公差范围。

2. 切削工艺分析

①装夹工具：车床三爪自定心卡盘。

②加工方案的选择：零件需要掉头（两次）装夹，每次装夹完成零件的粗、精加工。

3. 确定加工顺序（即走刀路线）

①夹住 $\phi50$ 毛坯外圆，伸出长度 70 mm 左右，车削零件外圆。

②零件调头，夹住 $\phi48$ 外圆，校正夹紧，加工另一端外圆。

③采用先粗后精的加工原则，粗加工留 0.5 mm 余量，然后检测零件的几何尺寸，根据检测结果决定 X 向的刀具磨耗修正量，再分别对零件的内、外轮廓进行精加工。

4. 刀具与切削用量选择

①刀具选择：材料为硬质合金的 35°外圆车刀。

②切削用量选择：加工外圆时主轴转速粗加工时取 $S=800$ r/min，精加工时取 $S=1\ 000$ r/min，进给量轮廓粗加工时取 $f=0.15$ mm/min，轮廓精加工时取 $f=0.12$ mm/min。

任务实施

1. 加工准备

①阅读零件图，并按图纸要求检查坯料的尺寸（$\phi50\times100$ mm）。

②开机，机床回参考点。

③输入程序并校验该程序。

④安装夹紧工件。先将毛坯安装在三爪卡盘上，校正夹紧，工件悬伸出足够的长度。

⑤准备刀具：将刀尖角为 55°的外圆车刀牢固的夹紧在方刀架上，主偏角取 91°～93°。安装刀具时要保证刀具悬伸长度满足零件的厚度要求，并考虑刀具的刚性。

2. 对刀，正确输入偏置数据

（1）X 向对刀

本例选择刀具试切法对毛坯的 X 向进行外圆车削的对刀操作，测量得到 X 值，将数据通过“刀具测量”键输入到工具偏置形状 X 中。

（2）Z 向对刀

用刀具试切毛坯端面，得到 Z 零偏值，并输入工具偏置形状 Z 值中。

（3）偏置中磨耗输入

将磨耗 0.8 mm（粗加工）输入到工具补正磨耗中与其程序对应的地址符号 X 中。

3. 程序输入

在编辑状态下输入正确的程序。

4. 程序校验

锁住机床，将加工程序输入数控系统，在“图形模拟”功能下，实现图形轨迹的校验，校验结束需回零。

5. 加工工件

选择“自动运行”“单段执行”调慢进给速度，按下“启动”键。机床加工时适当调整主轴转速和进给速度，保证加工正常。

6. 尺寸测量

程序执行完毕后，用千分尺测量外圆尺寸，根据测量结果，修改相应刀具补偿值的数据，重新执行程序，精加工工件，直至外圆达到精度要求；零件调头，Z 向对刀，重新运行程序，注意控制外圆和长度尺寸，直至加工出合格产品。

7. 结束加工

松开夹具，卸下工件，清理机床。

技能训练

完成实训自我小结表(见附件 A)。

任务四　编制复合循环指令

任务目标

1. 掌握粗车及封闭复合循环指令的编程方法。
2. 会使用循环指令编程。
3. 培养学生善于观察、勤于思考的精神。

任务描述

本任务是以零件图为基础,对零件的结构、加工要求、工件材料、刀具材料能做出正确的分析,从而合理地确定 G71、G73 中的有关参数,最后根据计算得到的基点坐标,编写正确的加工程序,同时熟练使用宇龙数控仿真软件,以及用宇龙数控仿真软件进行轴类零件外圆轮廓的模拟车削加工。

零件左、右端怎么加工?

任务导入

为图 2-4-1 所示的零件图编写左右端的加工程序。

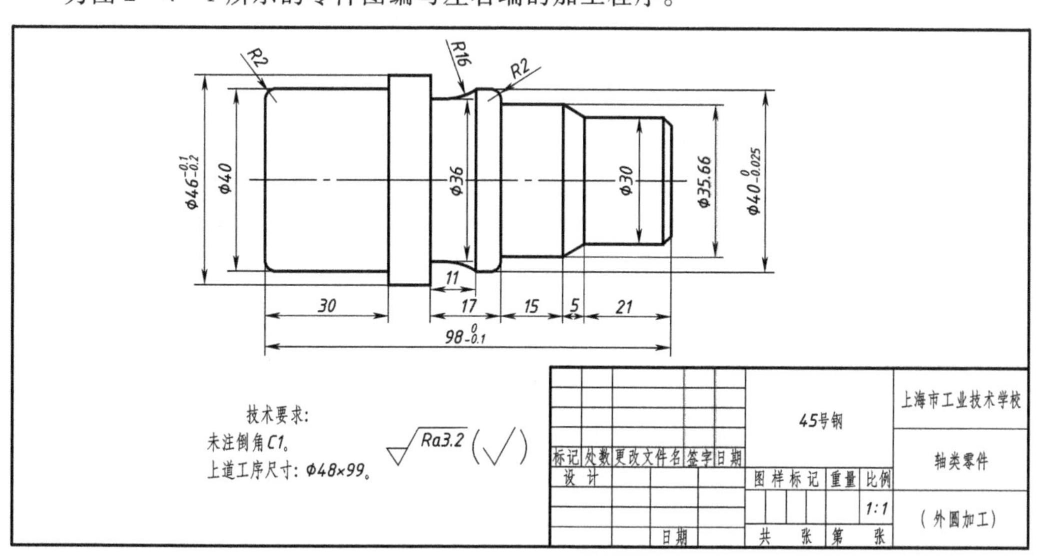

图 2-4-1　零件图

相关知识

一、编程知识

外圆粗、精车复合固定循环(G71、G70)指令具体如下。

1. 指令格式(加工路线见图 2-4-2)

G71U (Δd)R (e);

G71P (ns)Q (nf)U (Δu)W(Δw)F (f)S (s)T(t);(粗车循环)

G70P (ns)Q (nf);(精车循环)

外圆粗车复合循环指令 G71 编程方法

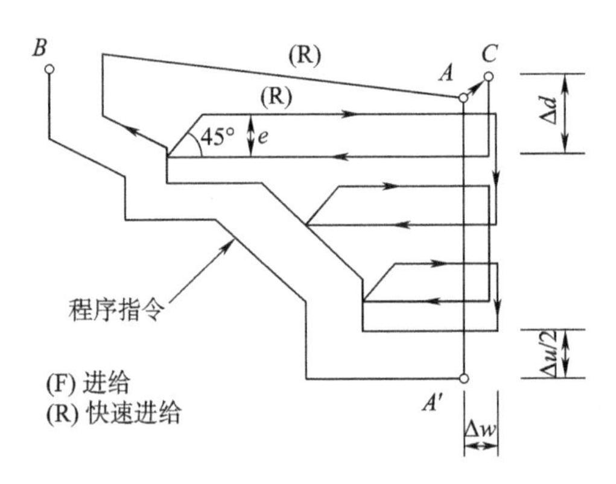

图 2-4-2　加工路线

说明:①Δd——X 向背吃刀量(半径值指定),不带符号,且为模态值;

e——退刀量,其值为模态值;

ns——精车程序第一个程序段的段号;

nf——精车程序最后一个程序段的段号;

Δu——X 方向精车余量的大小和方向,用直径量指定。该加工余量具有方向性,即外圆的加工余量为正,内孔的加工余量为负;

Δw——Z 方向精车余量的大小和方向;

f、s、t——分别为粗加工循环中的进给速度、主轴转速与刀具功能。

②通常情况下,粗加工循环中,轮廓必须采用单调递增或单调递减的形式,否则会产生凹形轮廓不是分层切削而是在半精加工时一次性切削的情况。

2. 精车循环(G70)

G70 不能单独使用,需跟在粗车复合循环指令 G71、G72、G73 之后,如:

```
G71U1.R0.5;
G71P100Q200U0.5W0.05F0.15;
G70P100Q200;
```

说明:①指令中的 F 和 S 值是指粗加工循环 F 和 S 值,该值一经指定,则在程序段号“ns”和“nf”之间所有的 F 和 S 值均无效。G70 执行过程中的 F 和 S 值,由段号“ns”和“nf”之间给出的 F 和 S 值指定。

②当加工凹形轮廓时，因其 X 向的递增与递减形式并存，故无法进行分层切削而在半精车时一次性进行切削。

3. 加工程序

```
O0001;
T0101;
M03S700;
G00X52.Z5.;
G71U1.R0.5
G71P10Q20U0.5W0F0.15;
N10G00X36.;
G01Z0F0.1;
G03X40.Z-2.R2.
G01Z-30.;
X46.;
Z-60.;
N20X52.;
T0101;
M03S900;
G00X52.Z5.;
G70P10Q20;
G00X60.;
Z100.;
M30;
```

4. 仿形车复合固定循环(G73)

封闭切削固定循环指令 G73 编程方法

(1)指令格式(加工路线见图 2-4-3)

G73U(Δi)W(Δk)R(d);

G73P(ns)Q(nf)U(Δu)W(Δw)F(f)S(s)T(t);

G70P(ns)Q(nf);(精车循环)

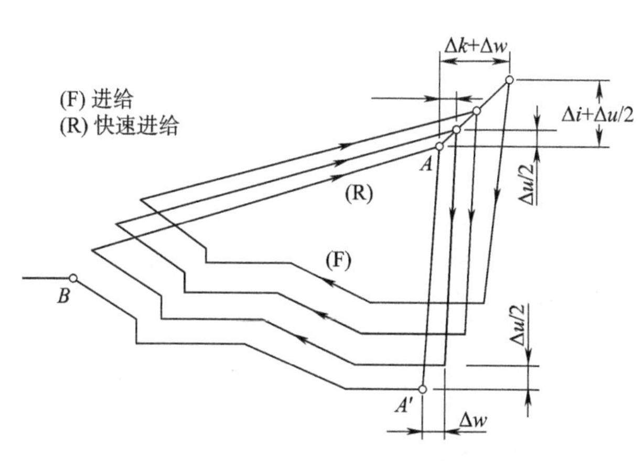

图 2-4-3　加工路线

说明：Δi——X 轴方向退刀量的大小和方向(半径量指定)；

Δk——Z 轴方向退刀量的大小和方向距离；

d——分割次数(粗加工重复次数相同)；

其余参数与 G71 相同。

(2)注意事项

G73 循环主要用于车削固定轨迹的轮廓。这种复合循环,可以高效地切削铸造成形、锻造成形或已粗加工成形的工件。对不具备类似成形条件的工件,如采用 G73 进行编程与加工,反而会增加刀具在切削过程中的空行程,而且不便于计算粗车余量。

G73 程序段中,"*ns*"所指程序段可以向 *X* 轴或 *Z* 轴的任意方向进刀。G73 循环加工的轮廓形状,没有单调递增或递减形式的限制。

二、刀具补偿功能

1. 概念

在数控编程中,一般不考虑刀具的长度与刀尖圆弧半径,而只需考虑刀位点与编程轨迹重合。但在实际加工过程中,由于刀尖圆弧半径与刀具各不相同,在加工中会产生很大的加工误差。数控机床能根据刀具实际尺寸,自动改变机床坐标轴或刀具刀位点位置,使实际加工轮廓和编程轨迹完全一致的功能,称刀具补偿功能。

数控车床刀具补偿分刀具偏置和刀具圆弧半径补偿,如图 2-4-4 所示。

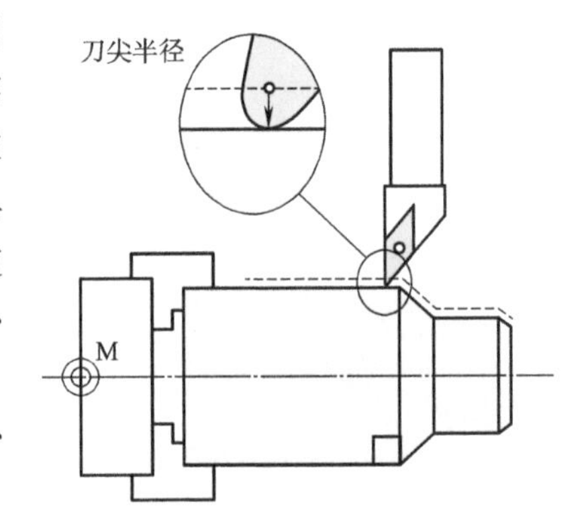

图 2-4-4 刀具偏置和刀具圆弧半径补偿

2. 指令(G40、G41、G42)

```
G40 G01/G00 X_Z_F_;  (取消刀尖圆弧半径补偿)
G41 G01/G00 X_Z_F_;  (刀尖圆弧半径左补偿)
G42 G01/G00 X_Z_F_;  (刀尖圆弧半径右补偿)
```

说明:沿 *Y* 坐标轴的负方向并沿刀具移动方向看,当刀具处在加工轮廓左侧时,称刀具半径左补偿,反之,右侧时为右补偿。

如图 2-4-5 所示为使用 G42 后的偏置界面。

工具补正/形状　　O0001　N 0010

番号	X	Z	R	T
01	168.308	130.183	0.400	3
02	0.000	0.000	0.000	0
03	0.000	0.000	0.000	0
04	0.000	0.000	0.000	0
05	0.000	0.000	0.000	0
06	0.000	0.000	0.000	0
07	0.000	0.000	0.000	0
08	0.000	0.000	0.000	0

现在位置(相对座标)

U 228.308　W 230.183

>　S 0　1

EDIT**** *** ***

[摩耗][形状][SETTING][坐标系][(操作)]

图 2-4-5 使用 G42 后的偏置界面

3. 加工程序

```
O0001;
G40;
T0101;
M03S700;
G00X52.Z5.;
G73U20.W0R20;
G73P10Q20U0.5W0F0.15;
N10G00G42X23.;
G01Z0F0.1;
X25.Z-2.;
Z-21.;
G01X35.66Z-26.;
Z-41.;
X36.;
Z-47.;
G02X36.Z-58.R16.;
N20G01X52.;
T0101;
M03S900;
G00X52.Z5.;
G70P10Q20;
G00X60.;
G40Z100.;
M30;
```

任务实施

编程练习。

技能训练

完成实训自我小结表(见附件 A)。

任务五　仿真加工台阶轴

任务目标

1. 掌握粗车及封闭复合循环指令仿真加工方法。
2. 会使用循环指令编程并正确模拟轨迹。
3. 培养学生善于观察、勤于思考的精神。

任务描述

本任务就是以零件图(见图 2-5-1)为基础,对零件的结构、加工要求、工件材料、刀具材料能做出正确的分析,从而合理地确定出 G71、G73 中的有关参数,最后根据计算得到的基点坐标，编写出正确的加工程序，同时熟练使用宇龙数控仿真软件以及用宇龙数控仿真软件进行轴类零件外圆轮廓的模拟车削加工。

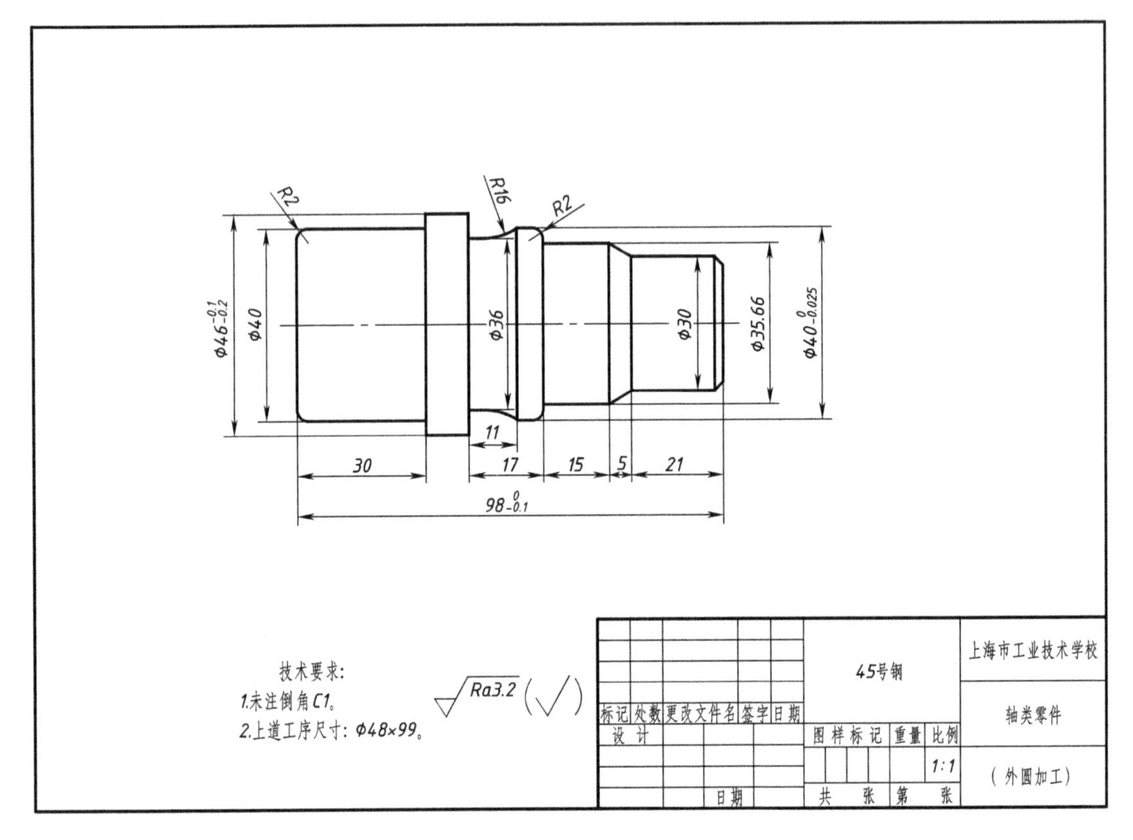

图 2－5－1　零件图

复习导入

循环指令 G71 和 G73 的编程方法。

相关知识

略（参考项目二任务一～任务四）。

任务实施

FANUC 0i 机床仿真操作步骤

1. 激活机床

打开数控仿真软件，选择 FANUC 0i 机床，松开“急停”按钮。

2. 机床回参考点

按下“回参考点”，键然后按“＋X”“＋Z”键，屏幕出现如图 2－5－2 所示图框，表示已回零。

3. 定义毛坯与选择刀具

①定义毛坯。单击“零件/定义毛坯”，参数设置如图 2－5－3 所示，单击“确定”按钮。

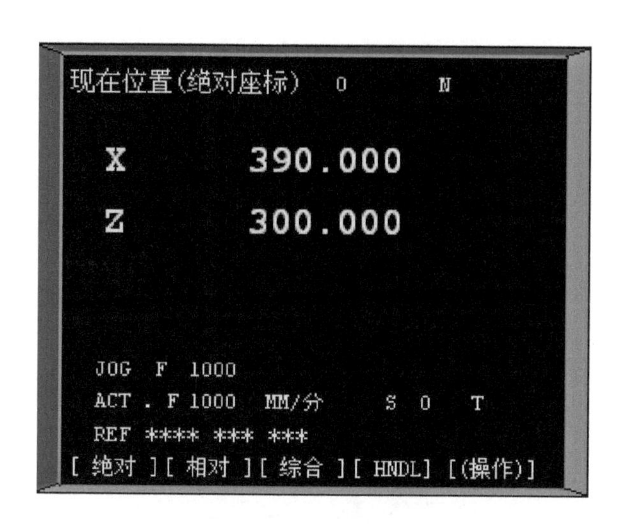

图 2－5－2　回零图框

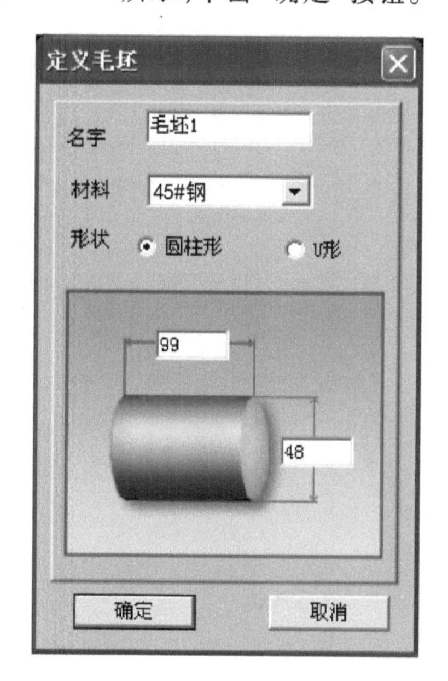

图 2－5－3　定义毛坯

②放置零件。单击菜单“零件/放置零件”，在“选择零件”对话框中，选取名称为“毛坯 1”的零件，单击“安装零件”按钮，界面上出现控制零件移动的面板，可以移动零件，也可按“退出”按钮。

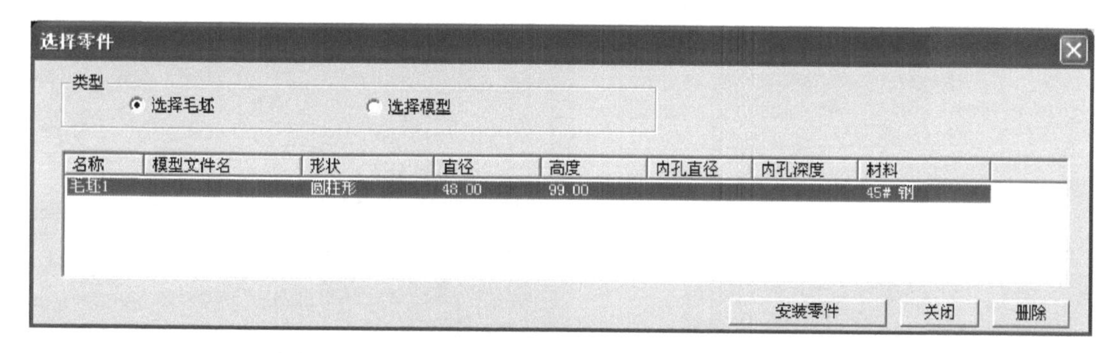

图 2－5－4　“选择零件”对话框

③选择刀具。单击菜单“机床/选择刀具”，弹出“刀具选择”对话框，根据加工方式选择所需刀片和刀柄，然后确认退出。

4. 手动对刀，设置参数

①在手动状态下，按下“主轴反转”键，使主轴转动起来。刀具安装好后的效果如图 2－5－6 所示，然后刀具进行试切。

②记下 X 测量的直径值，按下偏置补偿键，选择“形状”，然后进行设置，出现如图 2－5－7 所示图框。

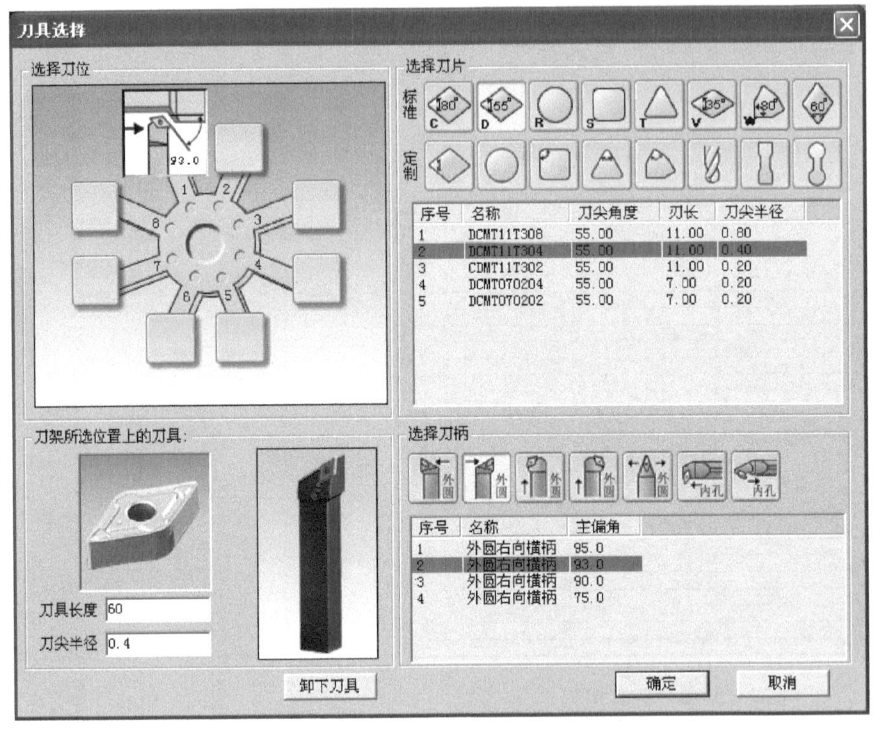

图 2－5－5 “刀具选择”对话框

图 2－5－6 安装好后的效果图

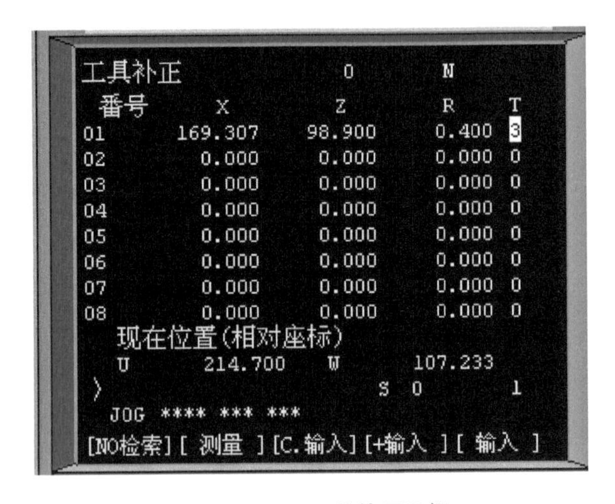

图 2－5－7 工具补正图框

5. 导入程序

选择“编辑”→“程序”→“操作”→“下一页(黑三角形)”→“F 检索”→找到所需程序→“READ”→输入程序名→“EXEC”命令,导入程序,如图 2－5－8 所示。

6. 图形模拟(见图 2－5－9)

```
程式            O0001          N  0002
O0001 ;
T0101 ;
M04 S800 ;
G00 X55. Z5. ;
G71 U1. R1. ;
G71 P1 Q2 U0.5 W0 F0.15 ;
N1 G42 G00 X36. ;
G01 Z0 F0.1 ;
G03 X40. Z-2. R2. ;
G01 Z-30. ;
X46. ;
>                         S 0    T 1
  EDIT**** *** ***
[BG-EDT][O检索] [检索↓][检索↑][REWIND]
```

图 2－5－8　导入程序

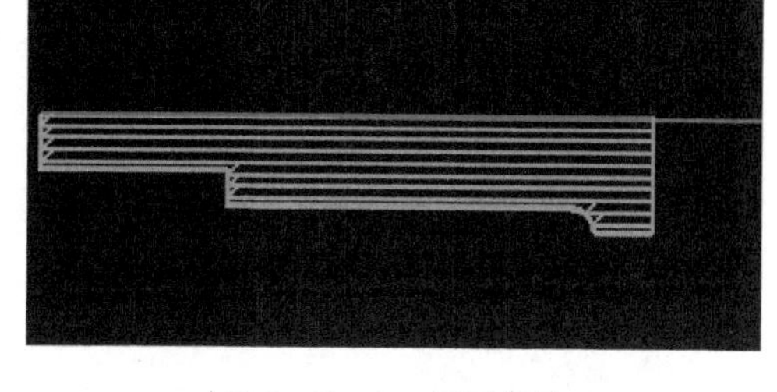

图 2－5－9　图形模拟

7. 自动运行,加工零件左端(见图 2－5－10)

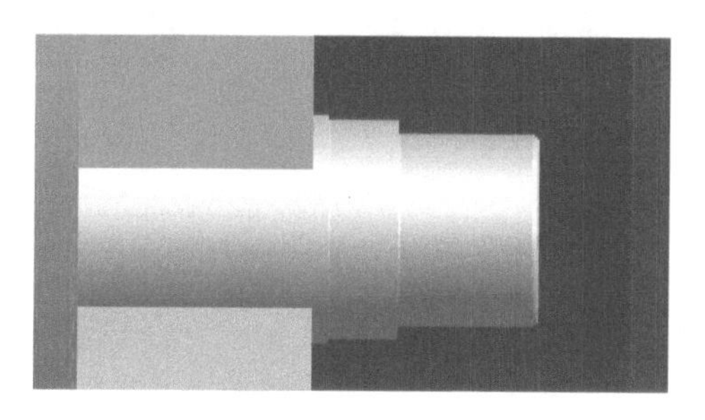

图 2－5－10　加工零件左端

8. 零件调头,对刀,设置参数

①单击菜单“零件/移动零件”,将工件调头,并适当调整装夹位置,如图 2－5－11 所示。

②在手动状态下,按下“主轴正转”键,使主轴转动起来,进行 *Z* 向对刀,控制总长,其中 *X* 向不用对刀。

③记下 *X* 测量的直径值,按下“偏置”补偿键,选择“形状”,然后进行设置,出现如图 2－5－12 所示图框。

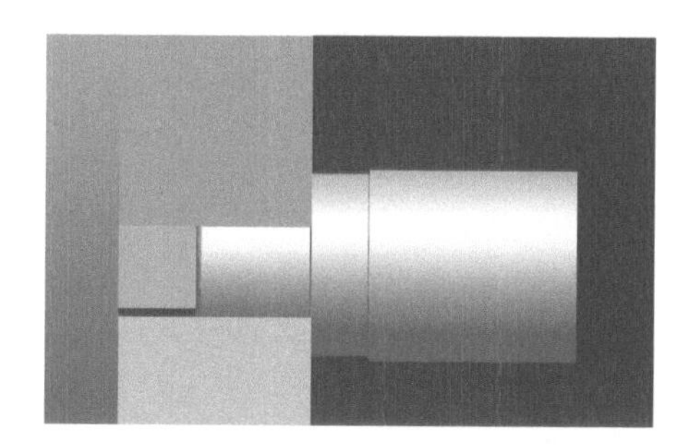

图 2－5－11　调整装夹位置

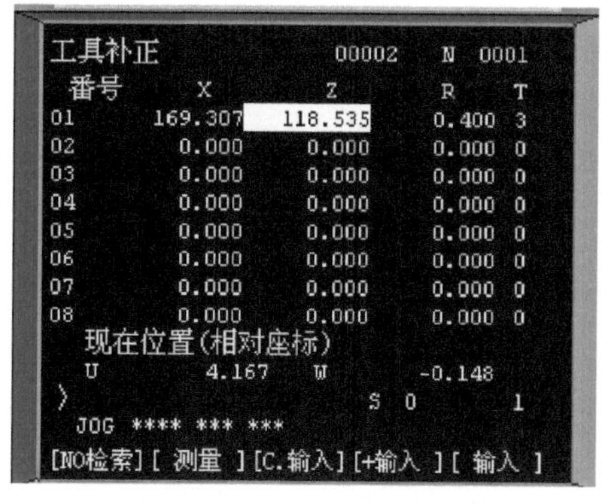

图 2－5－12　工具补正图框

9. 程序的导入

选择“编辑”→“程序”→“操作”→“下一页(黑三角形)”→“F 检索”→找到所需程序→“READ”→输入程序名→“EXEC”命令,导入程序,如图 2 - 5 - 13 所示。

10. 图形模拟(见图 2 - 5 - 14)

```
程式            O0002          N 0002
O0002 ;
T0101 ;
M04 S800 ;
G00 X55. Z5. ;
G73 U9. W0 R9 ;
G73 P1 Q2 U0.5 W0 F0.15 ;
N1 G01 X28. F0.1 ;
Z0 ;
X30. Z-1. ;
Z-21. ;
X35.66 Z-26. ;
>                          S 0    T 1
 EDIT**** *** ***
[BG-EDT][O检索] [检索↓][检索↑][REWIND]
```

图 2 - 5 - 13　导入程序

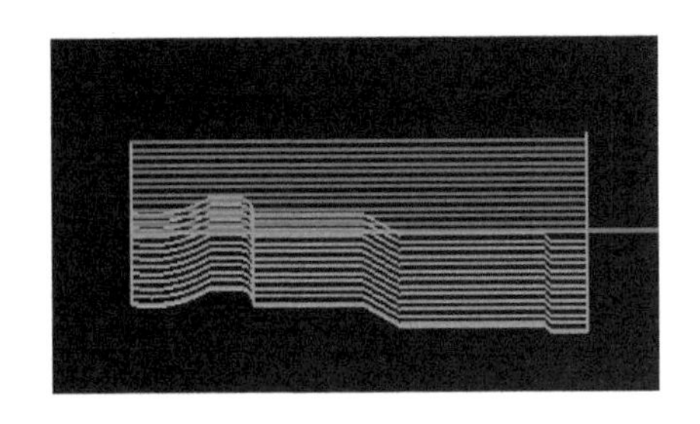

图 2 - 5 - 14　图形模拟

11. 自动运行,加工零件右端(见图 2 - 5 - 15)

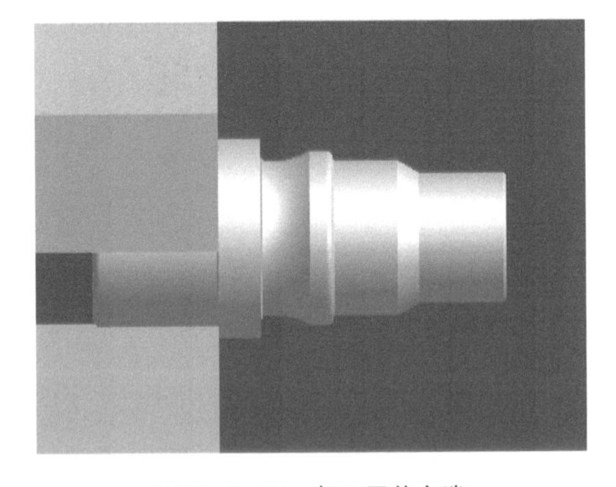

图 2 - 5 - 15　加工零件右端

技能训练

完成实训自我小结表(见附件 A)。

项目三

车削普通(三角)外螺纹

任务一　计算普通(三角)外螺纹的参数

任务目标

1. 了解普通(三角)外螺纹的结构和用途。
2. 掌握(三角)外螺纹(60°牙型角)的大径、中径、底径的计算方法。
3. 激发学生的主观能动性。

任务描述

本任务就是以零件图为基础,对零件加工要求进行分析,确定出螺纹大径、中径、底径的尺寸。

复习导入

普通车床的螺纹车削。

相关知识

一、车削螺纹的基本知识

1. 螺纹的用途

螺纹用途十分广泛,有连接(或固定)作用,有传递动力作用。其加工方法多种多样,大规模生产直径较小的三角螺纹,常采用滚丝、搓丝或轧丝的方法。而对于数量较少或批量不

大的螺纹工件常采用车削的方法。

2. 螺纹的分类

将工件表面车削成螺纹的方法称为车螺纹。螺纹按牙型分有三角螺纹、梯形螺纹、方牙螺纹等(见图 3－1－1),其中普通公制(三角)螺纹应用最广。

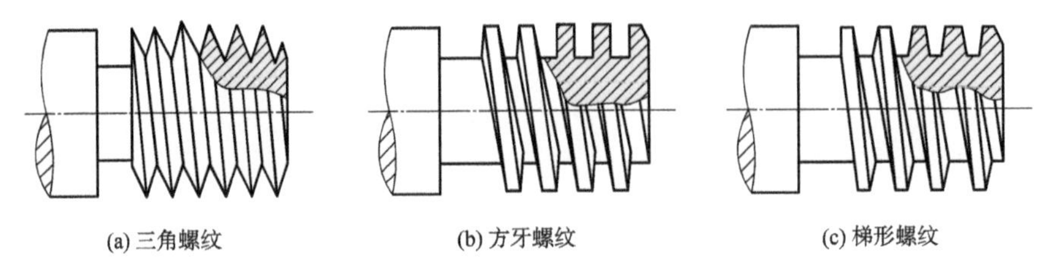

图 3－1－1　螺纹的种类

二、螺纹基本牙型及尺寸

普通(三角)螺纹的基本牙型(见图 3－1－2),各基本尺寸的名称如下:

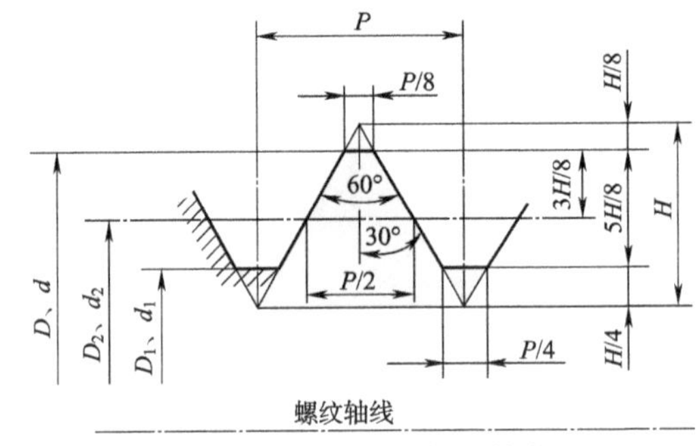

图 3－1－2　普通三角螺纹基本牙型

D—内螺纹大径(公称直径);d—外螺纹大径(公称直径);D_2—内螺纹中径;d_2—外螺纹中径;

D_1—内螺纹小径;d_1—外螺纹小径;P—螺距;H—原始三角形高度。

1. 螺纹的基本要素

决定螺纹的基本要素有以下三个:

①牙型角 α:螺纹轴向剖面内螺纹两侧面的夹角。公制螺纹 $\alpha=60°$,英制螺纹 $\alpha=55°$。

②螺距 P:它是沿轴线方向上相邻两牙间对应点的距离。

③螺纹中径 $D_2(d_2)$:它是平螺纹理论高度 H 的一个假想圆柱体的直径。在中径处的螺纹牙厚和槽宽相等。

只有内外螺纹中径都一致时,两者才能很好地配合。

2. 螺纹代号

粗牙:M 公称直经

细牙:M 公称直经 × 螺距

三、外螺纹尺寸计算

例如:螺纹 M20 × 1.5

螺纹参数计算如下:

螺纹大径(顶径) = $d - 0.1P$(单线螺纹导程为螺距) = 19.85 mm

螺纹牙高 = $0.6499P$ = 0.975 mm

螺纹小径(底径) = $d - 1.3P$(2 倍牙高) = 18.05 mm

任务实施

计算普通(三角)外螺纹参数。

技能训练

预习螺纹编程指令。

任务二　安装刀具与对刀

任务目标

1. 掌握外圆螺纹车刀的安装方法。
2. 掌握外圆螺纹车刀的对刀和参数设置的方法。
3. 培养学生善于思考的能力。

任务描述

本任务是在认识外圆螺纹车刀结构的基础上,学会装刀的方法,同时会进行对刀及参数设置,为加工出符合图纸(见图 3-2-1)要求的合格零件做准备。

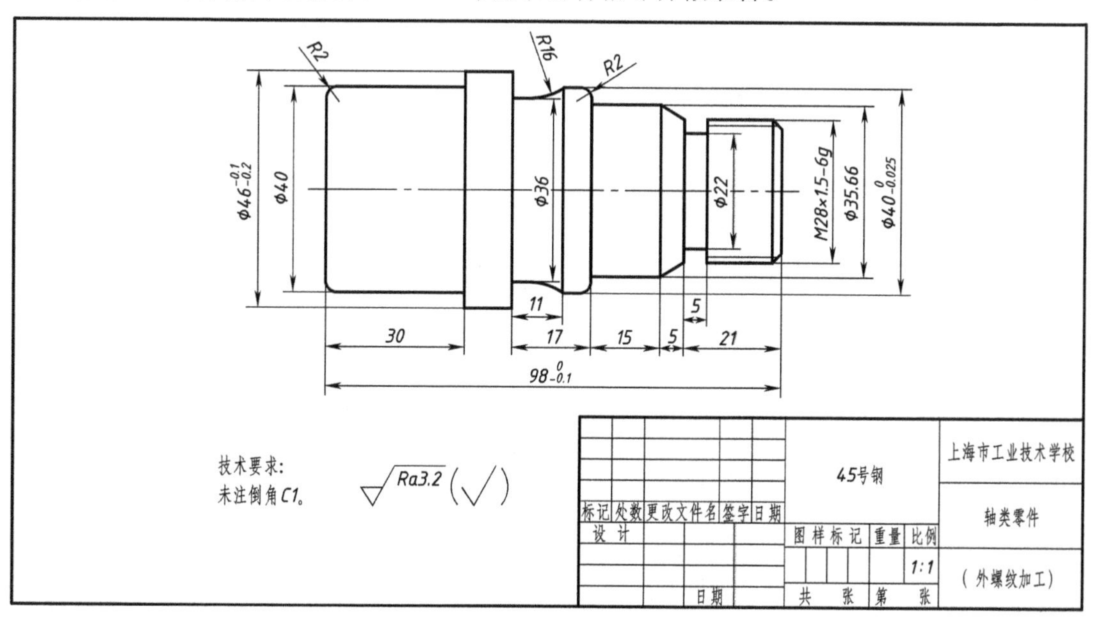

图 3-2-1　零件图

复习导入

外圆车刀的安装方法和注意点。

相关知识

略(参考项目二任务二)。

任务实施

完成刀具的安装。

1. 加工准备

螺纹车刀安装与对刀

①阅读零件图,并按图纸要求检查坯料的尺寸。

②开机,机床回参考点。

③输入程序并校验该程序。

④安装夹紧工件。

先将毛坯安装在三爪自定心卡盘上,校正夹紧,工件悬伸出足够的长度。

⑤准备刀具。

安装螺纹车刀时,车刀的刀尖角等于螺纹牙型角 $\alpha=60°$,其前角 $\gamma_0=0°$才能保证工件螺纹的牙型角,否则牙型角将产生误差。只有粗加工时或螺纹精度要求不高时,其前角可取 $\gamma_0=5°\sim20°$。安装螺纹车刀时刀尖对准工件中心,并用样板对刀,以保证刀尖角的角平分线与工件的轴线相垂直,车出的牙型角才不会偏斜,如图 3-2-2 所示。

2. 外螺纹对刀,正确输入偏置数据

(1)X 向对刀

本任务选择刀具接触法对外圆刀试切好的圆柱表面 X 向进行外圆车削的对刀操作,当外螺纹刀接触到外圆表面时,即为外圆刀试切后的 X 值,将此数据通过"刀具测量"键输入到工具偏置形状 X 中。

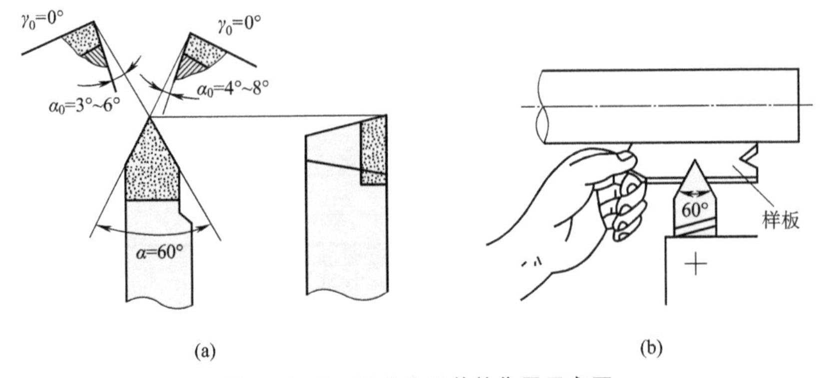

图 3-2-2　刀具为工件的位置示意图

(2)Z 向对刀

用目测法对刀,移动刀具,将螺纹刀刀位点与外圆端面平齐。将"Z0"输入到偏置形状 Z 中。

3. 对刀结束

完成刀具的安装。

技能训练

完成实训自我小结表(见附件 A)。

任务三　编制螺纹切削循环指令

任务目标

1. 掌握螺纹切削单一固定循环 G92 的编程方法。
2. 能正确编制螺纹车削程序。
3. 培养学生勤于思考的能力。

任务描述

本任务就是以零件图(见图 3－3－1)为基础,对零件加工要求进行分析,确定出螺纹大径、中径、底径,根据计算得到的基点坐标,编写出正确的 G92 加工程序。

复习导入

外圆切削循环 G90 的编程方法。

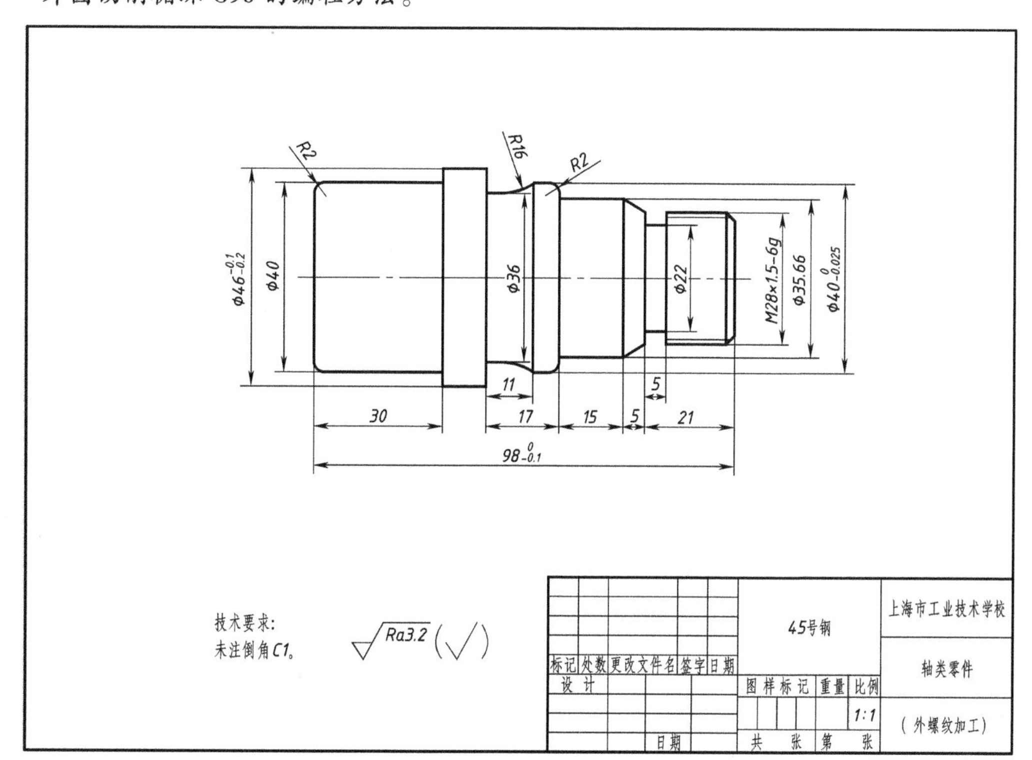

图 3－3－1　零件图

相关知识

一、编程知识

1. 螺纹切削单一固定循环 G92

G92 用于螺纹加工，其循环路线与单一形状固定循环基本相同。如图 3－3－2 所示，循环路径中，除螺纹车削一般为进给运动外，其余均为快速运动。

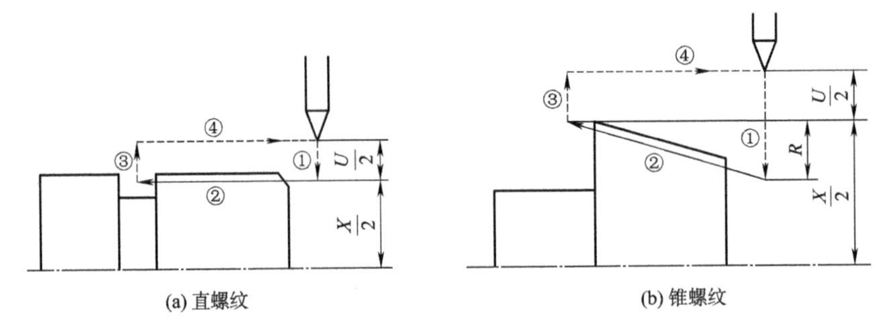

图 3－3－2　切削循环路径

2. 指令格式

格式：G92X(U)_Z(W)_F_R_;

说明：X(U)_Z(W)_——螺纹切削终点处的坐标；

F——螺纹导程的大小；

R——圆锥螺纹切削起点处的 X 坐标减其终点（编程终点）处的 X 坐标之值的 1/2。

二、加工程序（见表 3－3－1）

表 3－3－1　加工程序

O0001	程 序 名
T0202;	
M03 S500;	
G00　X30.0　Z10.0;	起刀点
G92　X27.2　Z－16.5　F1.5;	螺纹加工第一次循环
X26.6;	螺纹加工第二次循环
X26.2;	螺纹加工第三次循环
X26.05;	螺纹加工第四次循环
G00　X100.0　Z150.0;	退刀
M30;	

任务实施

编程练习。

技能训练

完成实训自我小结表(见附件 A)。

任务四　车削螺纹

任务目标

1. 掌握仿真软件模拟车削螺纹的方法。
2. 能车削合格螺纹。
3. 培养学生善于观察、勤于思考的精神。

任务描述

本任务就是按照图纸(见图 3-4-1)及加工工艺正确地编写零件的加工程序,并在仿真软件上验证该程序,最终完成螺纹的车削。

零件编程→程序校验→?

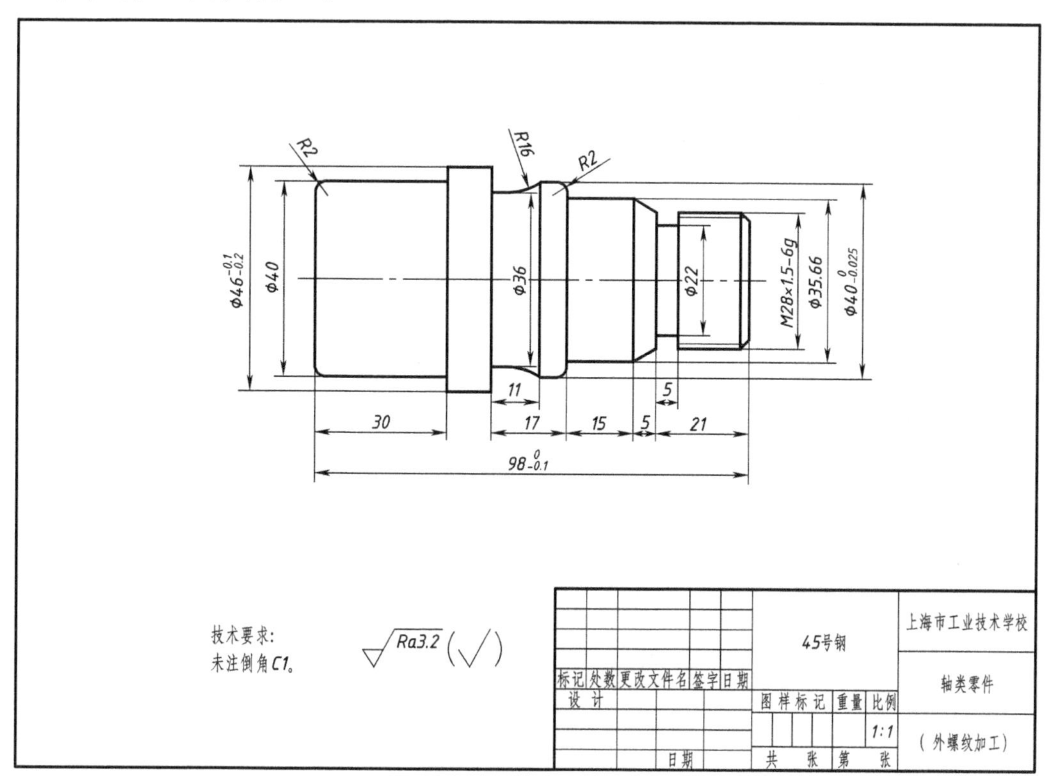

图 3-4-1　零件图

相关知识

略(可参考项目三任务一～任务三)。

任务实施

一、FANUC 0i机床仿真操作步骤

1. 打开项目文件

单击菜单“文件/打开项目”,打开已经完成外圆加工的项目文件。

2. 激活机床

单击“启动”按钮,打开 FANUC 0i 机床,松开“急停”按钮。

3. 机床回参考点

按下“回参考点”键,然后按下“＋X”“＋Z”键,屏幕出现如图 3－4－2 所示图框,表示已回零。

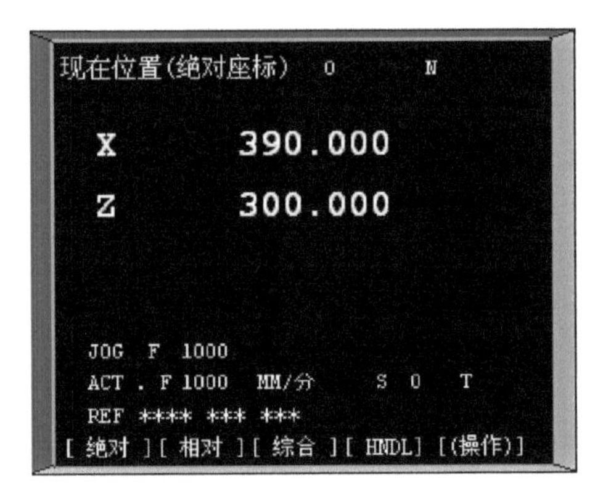

图 3－4－2 已回零图框

4. 选择刀具

①单击菜单“机床/选择刀具”,弹出如图 3－4－2 所示对话框,根据加工方式选择所需刀片和刀柄,然后确认退出。

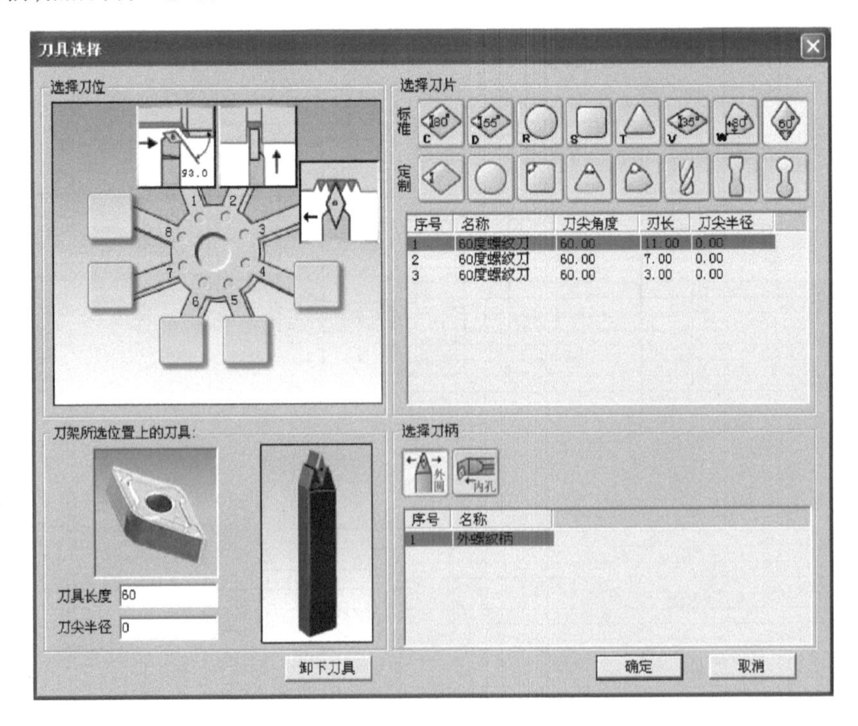

图 3－4－3 “刀具选择”对话框

②在“MDI”状态下,输入“T0303”,单击“循环启动”按钮,将3号刀换到加工位置,如图3-4-4所示。

5. 手动对刀,设置参数

①在“手动”状态下,按下“主轴反转”键,使主轴转动起来。

②刀具进行试切:*X*轴通过接触法进行对刀,调节手轮控制进给。*Z*轴通过目测法对刀。

③分别记下*X*测量的直径值和*Z*端面测量值,按下“偏置”补偿键,选择“形状”,然后进行设置,出现如图3-4-5所示图框。

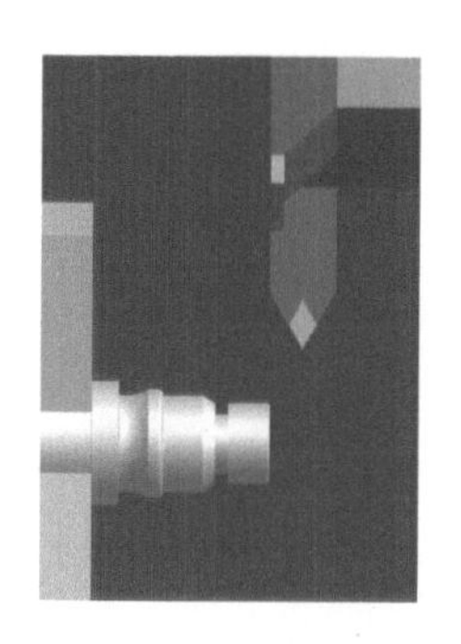

图3-4-4　安装后的效果图

工具补正　　O0004　N 0004

番号	X	Z	R	T
01	169.307	118.564	0.400	3
02	169.993	118.027	0.000	0
03	169.993	105.510	0.000	0
04	0.000	0.000	0.000	0
05	0.000	0.000	0.000	0
06	0.000	0.000	0.000	0
07	0.000	0.000	0.000	0
08	0.000	0.000	0.000	0

现在位置(相对座标)
U　200.026　W　105.510
>　S 0　3
JOG **** *** ***
[NO检索] [测量] [C.输入] [+输入] [输入]

图3-4-5　工具补正图框

6. 导入程序

选择“编辑”→“程序”→“操作”→“下一页(黑三角形)”→“F检索”→找到所需程序→“READ”→输入程序名→“EXEC”命令,导入程序,如图3-4-6所示。

7. 图形模拟(见图3-4-7)

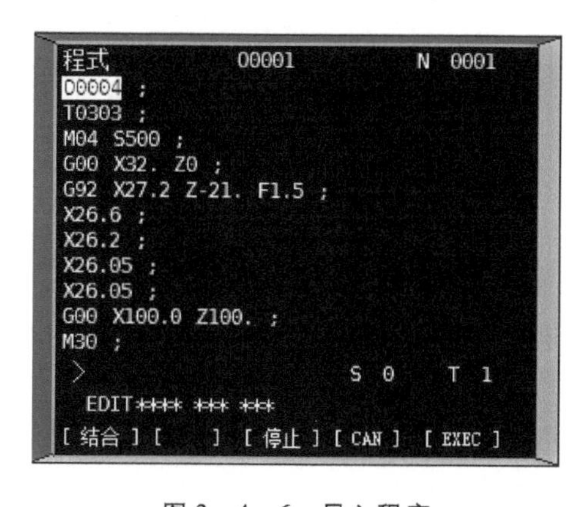

图3-4-6　导入程序

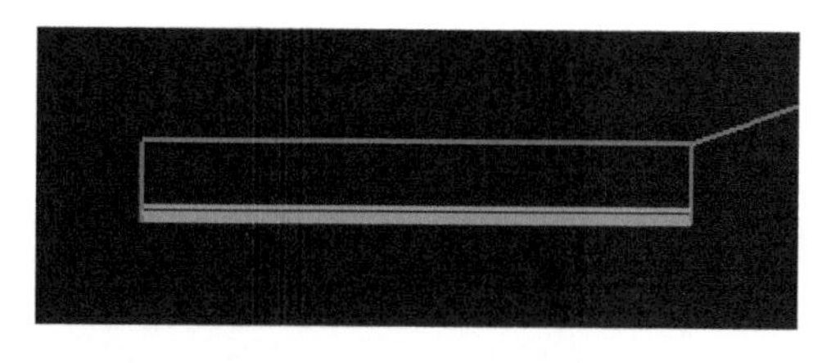

图3-4-7　图形模拟

8. 自动运行,仿真加工零件(见图3-4-8)

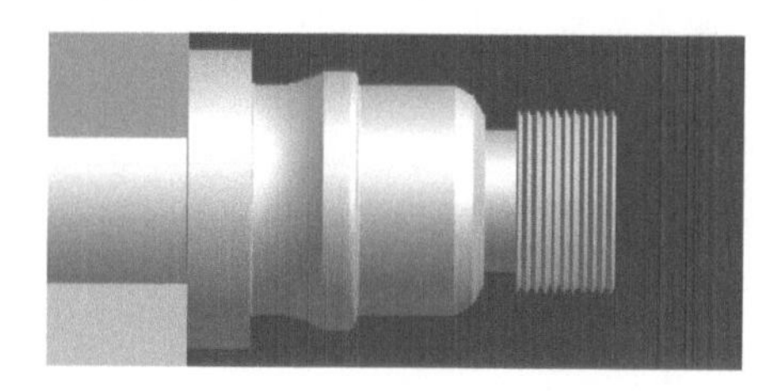

图3-4-8　仿真加工零件

9. 机床程序输入

```
O0004
T0303
M04 S500
G00 X32. Z0
G92 X27.2 Z-21. F1.5
X26.6
X26.2
X26.05
X26.05
G00 X100.0 Z100.
M30
```

二、机床加工

螺纹的车削加工

1. 加工准备

①阅读零件图,并按图纸要求检查坯料的尺寸。

②选择 FANUC 0i 机床,开机,机床回参考点。

③输入程序并校验该程序。

④安装工件。

先将机床三爪自定心卡盘松开,根据图纸要求安放工件,并夹持有效长度,校正后夹紧。

⑤准备刀具。

将切槽刀安装在 2 号位,60°外螺纹车刀安装在方刀架 3 号刀位。安装刀具时要保证刀具悬伸长度,并注意刀具体轴心线与工件轴线之间的夹角,同时考虑刀具的刚性。

2. 对刀,正确输入刀具形状补偿值和刀具磨耗补偿值

(1)*Z* 向对刀

通过目测法,当螺纹刀刀尖与工件端面平齐时,在偏置形状中输入"Z0"测量,按下"刀具测量"键。

(2)*X* 向对刀

螺纹刀采用接触法对 *X* 值,通过丝杠进给接触到已加工工件直径,测得 *X* 值,并在 1 号偏置形状中输入"该值"测量,同时按下"测量"键,完成 *X* 向对刀。

(3)刀具磨耗补偿值输入

将精加工余量 0.10 mm(其中外螺纹为正值,内螺纹为负值)输入到对应的偏置磨耗中。

3. 程序校验

①锁住机床,将加工程序输入数控系统,在"图形模拟"功能下,实现图形轨迹的校验。

②回零操作。

4. 加工工件

校验正确,调慢进给速度,按下"启动"键。机床加工时适当调整主轴转速和进给速度,保证加工正常。

5. 精度检验

程序执行完毕后,用止通规检测螺纹精度,根据测量结果,修改相应刀具补偿值的数据,

重新执行程序,精加工工件,直到加工出合格产品。

6. 结束加工

松开夹具,卸下工件,清理机床。

技能训练

完成实训自我小结表(见附件 A)。

任务五　检验普通(三角)外螺纹综合参数

任务目标

1. 掌握普通(三角)外螺纹精度检验的方法。
2. 能用螺纹止通规检验螺纹的合格性。
3. 培养学生善于思考的能力。

任务描述

本任务就是研究外圆螺纹精度检验的方法,目的是分析影响螺纹精度的因素,寻求提高加工精度的途径,以保证螺纹的尺寸精度。

复习导入

零件加工的精度正确与否及表面质量的好坏直接影响到零件的合格,从而影响到零件的配合工艺,甚至影响到企业的经济利益。因而,精度检验十分重要。

相关知识

实际生产中,经常会涉及螺纹的检测和测量。螺纹的检测包括对螺纹合格性的综合性检验和确定某一几何参数量值的单一测量。下面对这两种方法分别进行分析。

一、综合检验

在螺纹成批生产中,可采用光滑极限量规和螺纹量规联合对螺纹进行综合检验。即用光滑极限量规检验螺纹顶径,用螺纹量规检验其作用中径和底径的合格性。外螺纹顶径的合格性用环规(或卡规)检验,其通端和止端分别按螺纹大径的最大极限尺寸 d_{max} 和最小极限尺寸 d_{min} 设计制造[见图 3-5-1(a)];因螺纹顶径的合格性用光滑极限量规塞规检验,其通端和止端分别按螺纹小径的最小极限尺寸 D_{1min} 和最大极限尺寸 D_{1max} 设计制造[见图 3-5-2(b)]。因此光滑极限量规可分别控制内、外螺纹顶径的实际尺寸位于其规定的公差范围内。

螺纹量规通规体现的是最大实体边界,并具有完整的牙型,其长度应等于被检验螺纹的旋合长度。通端螺纹环规用来控制外螺纹作用中径 $d_{2作用}$ 及小径最大极限尺寸 d_{1max},通端螺纹塞规用来控制内螺纹作用中径 $D_{2作用}$ 及大径最小极限尺寸 D_{min}。螺纹量规止规的牙型为截短牙型，且只有几个牙，以减少螺距误差和牙型半角误差对检验结果的影响。止端螺纹环规和塞规分别用来控制外螺纹单一中径的最大极限尺寸 $d_{2\max}$ 和内螺纹单一中径的最小极限尺寸 $D_{2\min}$。若螺纹通规在旋合长度内与被检螺纹顺利旋合，而螺纹止规不能通过被检螺纹（允许旋进最多 2～3 牙），则说明被检螺纹的作用中径、底径和单一中径均合格，否则不合格。

所以，采用光滑极限量规和螺纹量规联合可综合检验内、外螺纹顶径、作用中径、底径和单一中径是否合格。

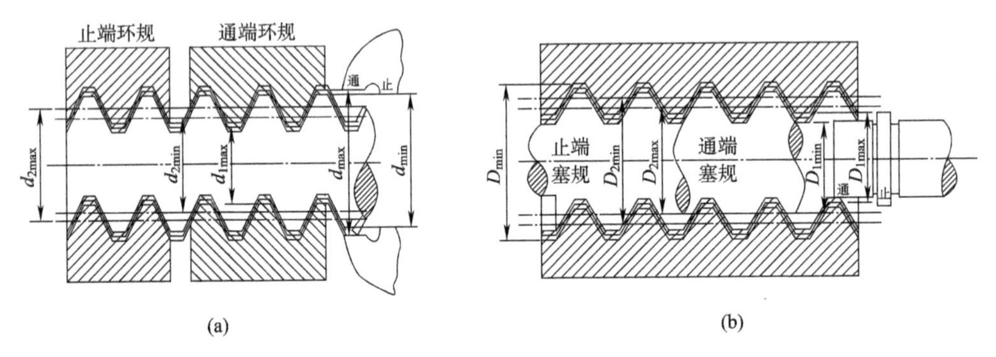

图 3－5－1　光滑极限量规的通端和止端的设计与螺纹极限尺寸的关系

二、单项测量

单项测量主要用于检查精密螺纹及分析各个参数的误差产生原因。常用的单项测量方法有螺纹千分尺测量、三针测量和工具显微镜测量。螺纹千分尺测量原理与外径千分尺相同，装上螺纹测头可直接测量螺纹中径，该方法测量精度受半角误差的影响较大。下面具体讨论另外两种方法。

1. 三针测量法

三针测量法具有精度高，方法简单的特点，可以测量螺纹的中径和牙型半角。选用 0 级量针和四等量块在光学比较仪上测量，其测量误差可控制在 ±1.5 μm 以内。

（1）测量中径

把三根直径相同的量针放在外螺纹沟槽内，量出三针外表面的尺寸 M（见图 3－5－2），根据已知的螺距 P，牙型角 α 及量针直径 d_0 和测出的 M 值可计算出中径测量值 d_2：

$$d_2 = M - 2AC = M - 2(AE - CE) = M - 2AE + 2CE$$

$$AE = AB + BE = \frac{d_0}{2} + \frac{d_0}{2}\frac{1}{\sin\dfrac{\alpha}{2}} = \frac{d_0}{2}\left[1 + \frac{1}{\sin\dfrac{\alpha}{2}}\right]$$

$$CE = CF\cot\frac{\alpha}{2} = \frac{P}{2}\cot\frac{\alpha}{2}$$

$$d_2 = M - d_0\left(1 + \frac{1}{\sin\dfrac{\alpha}{2}}\right) + \frac{P}{2}\cos\frac{\alpha}{2}$$

为使量针与螺纹牙侧面在中径圆柱上接触，以消除牙型半角误差对测量结果的影响，使测得中径为单一中径(即在牙槽宽度等于$\frac{P}{2}$处的中径),量针直径可按$d_{0最佳}=\frac{P}{2\cos\frac{\alpha}{2}}$计算选取(见图3-5-3),则单一中径计算公式为$d_{2单}=M-1.5d_{0最佳}$。

(2)测量牙型半角

用两种不同直径D_0和d_0的三个量针,各自放入螺纹沟槽中分别测出M值和m值。(见图3-5-4)。由△$OO'A$中

$$\sin\frac{\alpha}{2}=\frac{OA}{OO'}$$

$$OA=\frac{D_0-d_0}{2}$$

$$OO'=\frac{M-D_0-(m-d_0)}{2}$$

$$\sin\frac{\alpha}{2}=\frac{D_0-d_0}{M-m-(D_0-d_0)}$$

则实测牙型半角$\frac{\alpha}{2}=\arcsin\frac{D_0-d_0}{M-m-(D_0-d_0)}$。

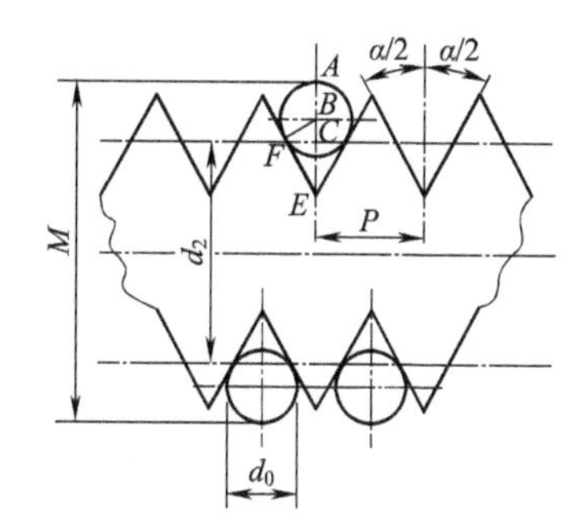

图3-5-2　中径测量值d_2计算

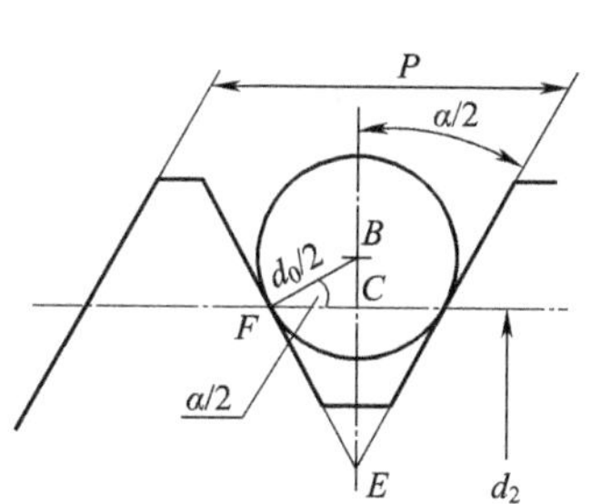

图3-5-3　单一中径计算

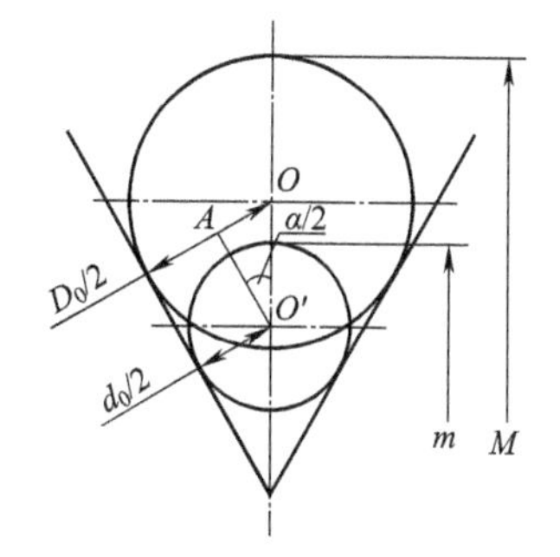

图3-5-4　测量M值和m值

2. 工具显微镜测量法

在工具显微镜上可用影像法(或加上测量刃后用轴切法)测量螺纹的螺距、中径和牙型半角等参数。

(1)螺距测量

把工具显微镜目镜中的“米”字线中心虚线与螺纹牙型影像一侧重合(见图3-5-5),记下纵坐标读数,纵向移动工作台,至“米”字线中心虚线与相邻或相隔几个牙的同侧牙型影像重合,记下第二次纵坐标的读数,两次纵坐标读数差即为螺距或几个螺距的实测值(见图3-5-6)。

(2)单一中径测量

按上述方法将目镜中的“米”字线中心线分别对准螺纹轴线两侧牙型影像中点,并记下两次对准位置的横向坐标的读数,其读数差即是单一中径实测值(见图3-5-7)。

(3)牙型半角测量

用同样的方法对准后读出角度目镜数值,然后转动目镜使目镜中的“米”字线中心虚线

与工作台纵向轴线成垂直位置再次读出角度目镜数值,两次读数差即为牙型半角实测值。用工具显微镜测量若螺纹轴线与工作台轴线不重合,则在测螺距和中径时会产生系统测量误差,可采用左右牙侧面各测量一次取平均值办法消除误差,而对牙型半角测量误差的消除(见图3-5-8),在右半角取Ⅰ、Ⅱ两次实测的平均值,左半角取Ⅲ、Ⅳ两次实测的平均值。

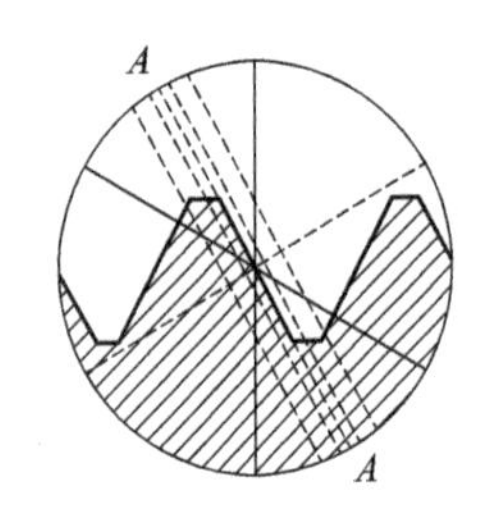

图3-5-5 影像法对准示意图

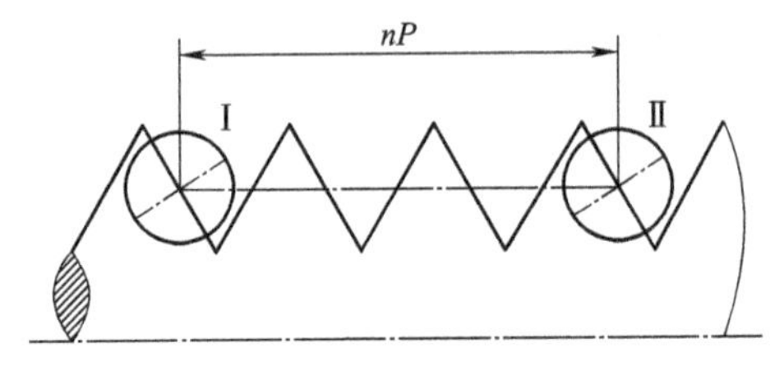

图3-5-6 增距测量

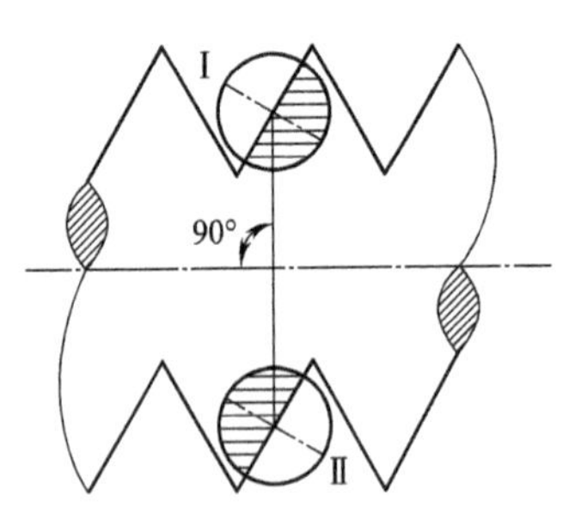

图3-5-7 中径测量

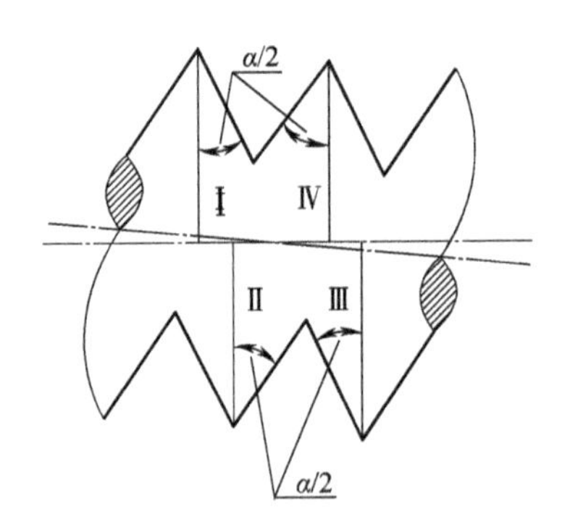

图3-5-8 消除牙型半角测量误差

任务实施

举例说明加工误差产生原因?如何提高螺纹精度?写一份实习报告。

技能训练

完成实训自我小结表(见附件A)。

车削零件内孔

任务一　分析孔类零件

任务目标

1. 掌握孔类零件的基本加工方法和特点。
2. 能根据分析各种孔加工方法的加工工艺。
3. 激发学生学习的兴趣，端正学习态度。

任务描述

本任务就是研究各种内孔表面的加工方法及加工特点，同时能根据孔类零件的结构和特点判断出正确的加工方法。

复习导入

零件基本的加工表面。

相关知识

孔类零件的加工方法较多，常用的有钻孔、扩孔、铰孔、镗孔、磨孔、拉孔、研磨孔、珩磨孔、滚压孔等。

一、钻孔

用钻头在工件实体部位加工孔称为钻孔。钻孔属粗加工，可达到的尺寸公差等级为IT13～IT11，表面粗糙度值为 $Ra50 \sim 12.5$ μm。由于麻花钻长度较长，钻芯直径小而刚性差，

又有横刃的影响,故钻孔有以下工艺特点:

1. 钻头容易偏斜

由于横刃的影响定心不准,切入时钻头容易引偏;且钻头的刚性和导向作用较差,切削时钻头容易弯曲。在钻床上钻孔时[见图 4-1-1(a)],容易引起孔的轴线偏移和不直,但孔径无显著变化;在车床上钻孔时[见图 4-1-1(b)],容易引起孔径的变化,但孔的轴线仍然是直的。因此,在钻孔前应先加工端面,并用钻头或中心钻预钻一个锥坑[见图 4-1-1(c)],以便钻头定心。钻小孔和深孔时,为了避免孔的轴线偏移和不直,应尽可能采用工件回转方式进行钻孔。

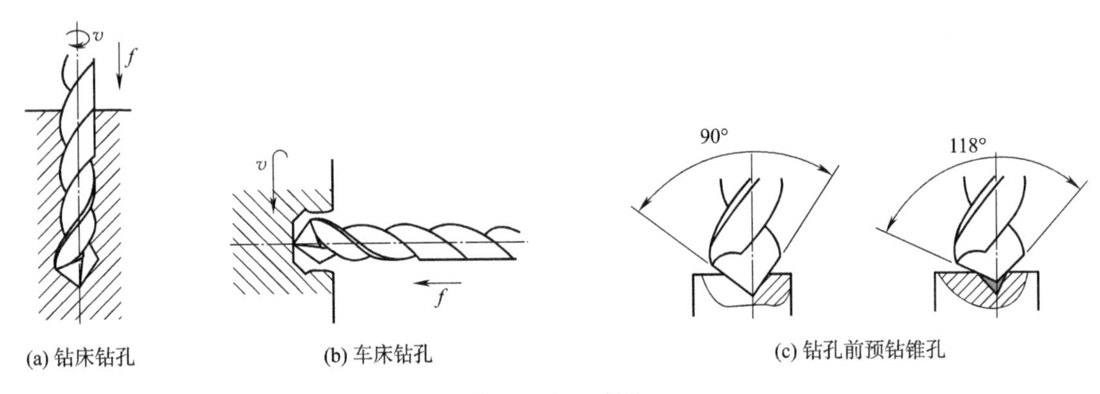

(a) 钻床钻孔 (b) 车床钻孔 (c) 钻孔前预钻锥孔

图 4-1-1 钻孔

2. 孔径容易扩大

钻削时,钻头两切削刃径向力不等将引起孔径扩大,卧式车床钻孔时的切入引偏也是孔径扩大的重要原因。此外,钻头的径向跳动等也是造成孔径扩大的原因。

3. 孔的表面质量较差

钻削,切屑较宽,在孔内被迫卷为螺旋状,流出时与孔壁发生摩擦而刮伤已加工表面。

4. 钻削时,轴向力大

钻削时,轴向力大主要是由钻头的横刃引起的。试验表明,钻孔时 50% 的轴向力和 15% 的扭矩是由横刃产生的。因此,当钻孔直径 $d>30$ mm 时,一般分两次进行钻削。第一次钻出 $(0.5\sim0.7)d$,第二次钻到所需的孔径。由于横刃第二次不参加切削,故可采用较大的进给量,使孔的表面质量和生产率均得到提高。

二、扩孔

扩孔,是用扩孔钻对已钻出的孔,做进一步加工,以扩大孔径并提高精度和降低表面粗糙度值。扩孔可达到的尺寸公差等级为 IT11 ~ IT10,表面粗糙度值为 $Ra12.5\sim6.3$ μm,属于孔的半精加工方法,常作铰削前的预加工,也可作为精度不高的孔的终加工。

如图 4-1-2 所示的扩孔方法的扩孔余量$(D-d)$,可由表(见附件 B)查阅。扩孔钻的形式随直径不同而不同扩孔钻示意图如图 4-1-3(a)所示,直径为 $\phi10\sim\phi32$ 的为锥柄扩孔钻如图 4-1-3(a)所示。直径 $\phi25\sim\phi80$ 的为套式扩孔钻,如图 4-1-3(b)所示。

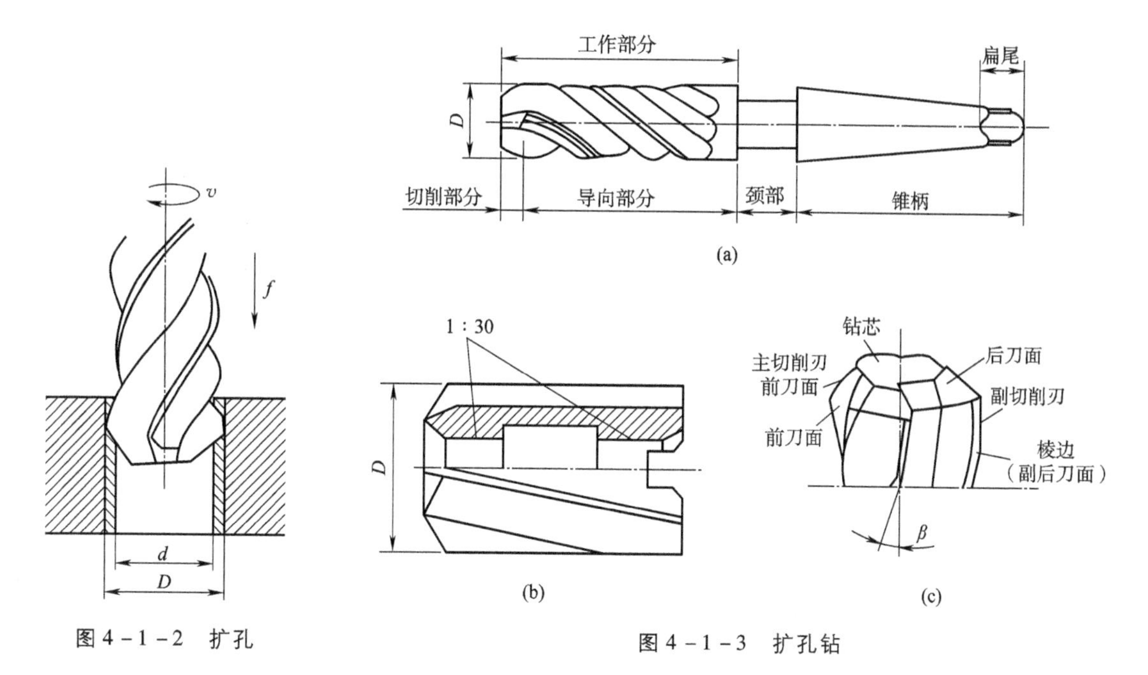

图 4－1－2　扩孔

图 4－1－3　扩孔钻

扩孔钻的结构与麻花钻相比有以下特点：

1. 刚性较好

由于扩孔的背吃刀量小、切屑少，扩孔钻的容屑槽浅而窄，钻芯直径较大，增加了扩孔钻工作部分的刚性。

2. 导向性好

扩孔钻有 3～4 个刀齿，刀具周边的棱边数增多，导向作用相对增强。

3. 切屑条件较好

扩孔钻，无横刃参加切削，切削轻快，可采用较大的进给量，生产率较高；又因切屑少，排屑顺利，不易刮伤已加工表面。

因此扩孔与钻孔相比，加工精度高，表面粗糙度值较低，且可在一定程度上校正钻孔的轴线误差。此外，适用于扩孔的机床与钻孔相同。

三、铰孔

铰孔是在半精加工（扩孔或半精镗）的基础上对孔进行的一种精加工方法。铰孔的尺寸公差等级可达 IT9～IT6，表面粗糙度值可达 $Ra3.2 \sim 0.2$ μm。

铰孔的方式有机铰和手铰两种。在机床上进行铰削称为机铰（见图 4－1－4）；用手工进行铰削的称为手铰（见图 4－1－5）。

铰刀，一般分为机用铰刀和手用铰刀两种形式，各种基本类型的铰刀（如图 4－1－6 所示）。

机用铰刀可分为带柄的[直径 1～20 mm 为直柄，直径 10～32 mm 为锥柄，见图 4－1－6(a)、(b)、(c)]和套式的[直径 25～80 mm，见图 4－1－6(f)]。手用铰刀可分为整体式[见图 4－1－6(d)]和可调式[见图 4－1－6(e)]两种。铰削不仅可以用来加工圆柱形孔，也可用锥度铰刀加工圆锥形孔[见图 4－1－6(g)、(h)(i)]。

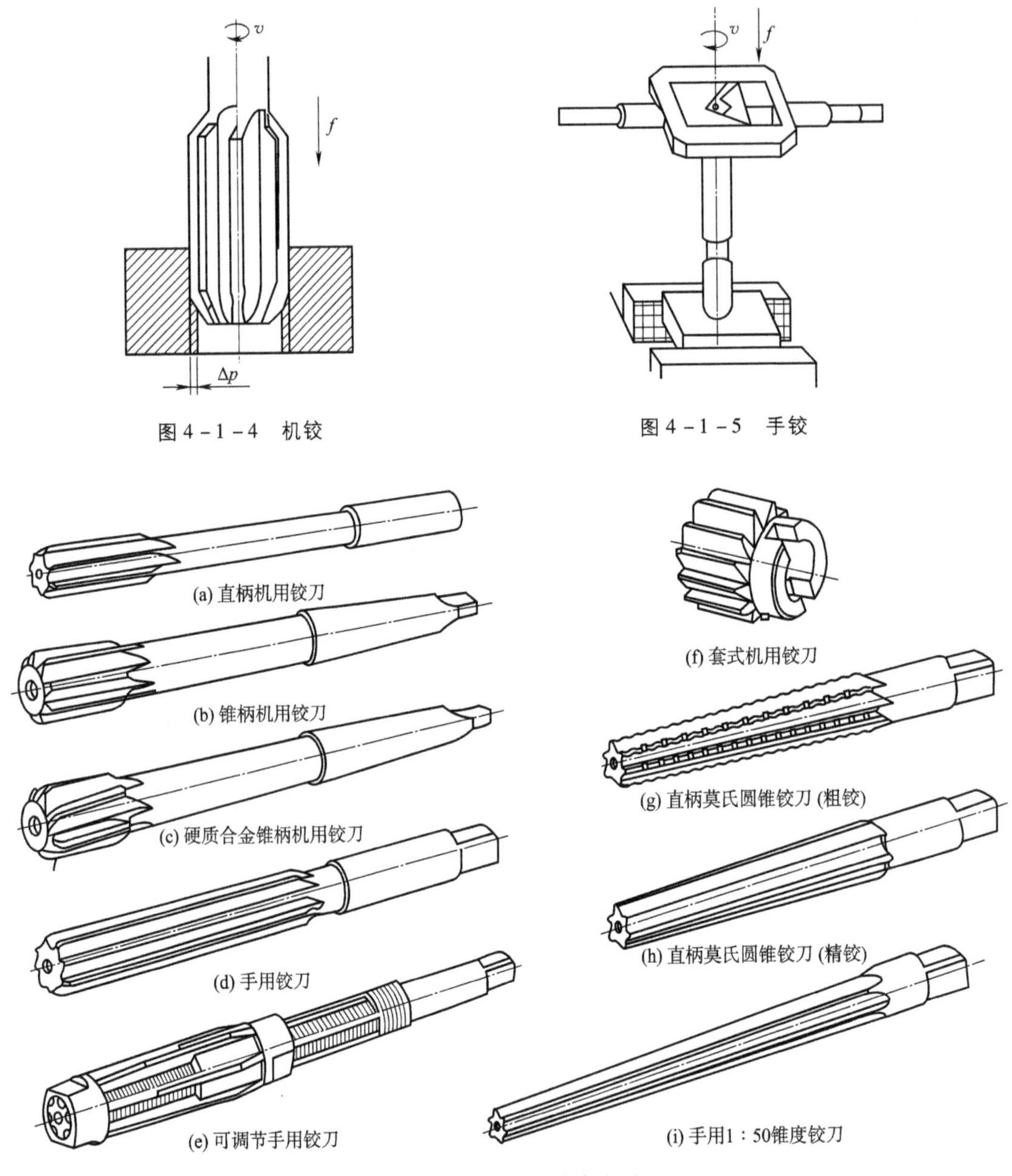

图 4-1-4　机铰

图 4-1-5　手铰

图 4-1-6　铰刀基本类型

1. 铰削方式

铰削的余量很小，若余量过大，则切削温度高，会使铰刀直径膨胀导致孔径扩大，使切屑增多而擦伤孔的表面；若余量过小，则会留下原孔的刀痕而影响表面粗糙度。一般粗铰余量为 0.15～0.25 mm，精铰余量为 0.05～0.15 mm。铰削应采用低切削速度，以免产生积屑瘤和引起振动，一般粗铰切削速度为 4～10 m/min，精铰为 1.5～5 m/min。机铰的进给量可比钻孔时高3～4 倍，一般可 0.5～1.5 mm/r。为了散热以及冲排屑末、减小摩擦、抑制振动和降低表面粗糙度值，铰削时应选用合适的切削液。铰削钢件常用乳化液，铰削铸铁件可用煤油。

如图 4－1－7 所示，在车床上铰孔，若装在尾架套筒中的铰刀轴线与工件回转轴线发生偏移，则会引起孔径扩大。在钻床上铰孔，若铰刀轴线与原孔的轴线发生偏移，也会引起孔的形状误差。

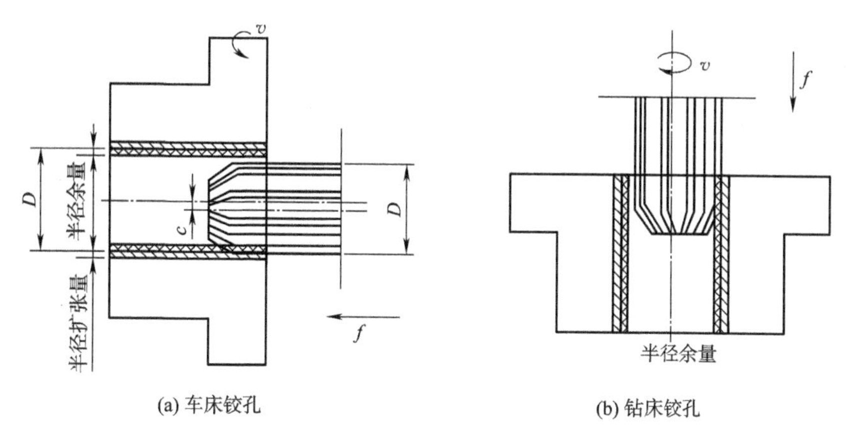

图 4－1－7　铰刀偏斜引起的加工误差

机用铰刀与机床常用浮动连接，以防止铰削时孔径扩大或产生孔的形状误差。铰刀与机床主轴浮动连接所用的浮动夹头如图 4－1－8 所示。浮动夹头的锥柄 1 安装在机床的锥孔中，铰刀锥柄安装在锥套 2 中，挡钉 3 用于承受轴向力，销钉 4 可传递扭矩。由于锥套 2 的尾部与大孔、销钉 4 与小孔间均有较大间隙，所以铰刀处于浮动状态。

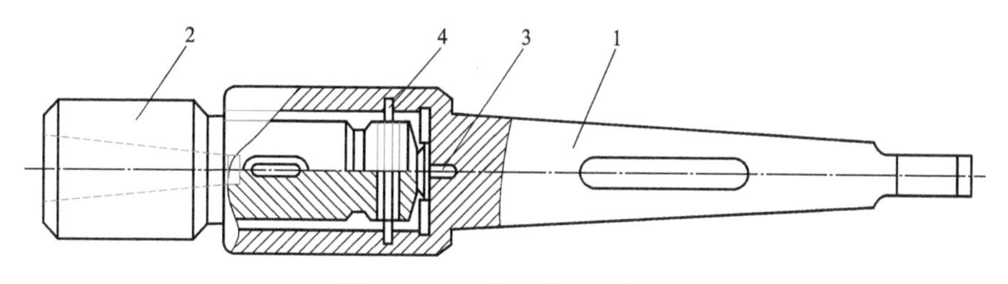

图 4－1－8　铰刀的浮动夹头

1—锥柄；2—锥套；3—挡钉；4—销钉

2. 铰削的工艺特点

①铰孔的精度和表面粗糙度主要不取决于机床的精度，而取决于铰刀的精度、铰刀的安装方式、加工余量、切削用量和切削液等条件。例如，在相同的条件下，在钻床上铰孔和在车床上铰孔所获得的精度和表面粗糙度基本一致。

②铰刀为定径的精加工刀具，铰孔比精镗孔容易保证尺寸精度和形状精度，生产率也较高，对于小孔和细长孔更是如此。但由于铰削余量小，铰刀常为浮动连接，故不能校正原孔的轴线偏斜，孔与其他表面的位置精度则需由前工序或后工序来保证。

③铰孔的适应性较差。一定直径的铰刀只能加工一种直径和尺寸公差等级的孔，如需提高孔径的公差等级，则需对铰刀进行研磨。铰削的孔径一般小于 $\phi80$，常用的在 $\phi40$ 以下。对于阶梯孔和盲孔则铰削的工艺性较差。

四、镗孔和车孔

1. 镗孔

镗孔是用镗刀对已钻出、铸出或锻出的孔做进一步的加工。可在车床、镗床或铣床上进行。镗孔是常用的孔加工方法之一,可分为粗镗、半精镗和精镗。粗镗的尺寸公差等级为IT13～IT12,表面粗糙度值为 Ra 12.5～6.3 μm;半精镗的尺寸公差等级为IT10～IT9,表面粗糙度值为 Ra 6.3～3.2 μm;精镗的尺寸公差等级为IT8～IT7,表面粗糙度值为 Ra1.6～0.8 μm。

2. 车床车孔

车床车孔如图4－1－9所示。车不通孔或具有直角台阶的孔,车刀可先做纵向进给运动,切至孔的末端时车刀改做横向进给运动,再加工内端面。这样可使内端面与孔壁良好衔接。车削内孔凹槽,将车刀伸入孔内,先做横向进刀,切至所需的深度后再做纵向进给运动。

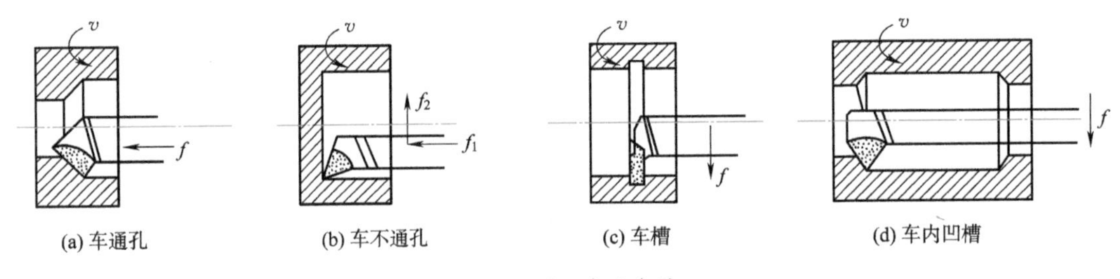

(a) 车通孔　(b) 车不通孔　(c) 车槽　(d) 车内凹槽

图4－1－9　车床车孔

车床上车孔是工件旋转、车刀移动,孔径大小可由车刀的切深量和走刀次数予以控制,操作较为方便。车床车孔多用于加工盘套类和小型支架类零件的孔。

任务实施

小结各种孔的加工方法和特点。

技能训练

完成实训自我小结表(见附件A)。

任务二　安装镗刀与对刀

任务目标

1. 掌握数控车床上镗刀的安装方法。
2. 能在车床上正确对刀,并设置参数。
3. 激发学生学习的兴趣,端正学习态度。

任务描述

本任务是熟练使用数控车床，并能进行镗刀的安装及参数设置，重点掌握对刀参数设置的方法，为加工出符合图纸要求的合格零件做准备。

复习导入

外圆车刀的安装方法。

相关知识

一、镗刀的安装方法（“上下、左右、前后”六个字）

镗孔刀具的安装与对刀

1. “上下”

首先，将刀座底部擦拭干净，以免有铁屑残留，然后将镗刀安放在3号刀位。镗刀安装时，由于是车孔加工，孔有一定的壁厚，如果刀具在安装时，刀尖低于工件回转中心，那么有可能造成镗刀后角和镗刀底部干涉到内孔孔壁，所以安装时“宁高勿低”，一般高度介于20～20.5 mm，通过垫铁和垫片来调整。

2. “左右”

其次，刀具加工的有效长度不能伸得过长，以免造成刀具刚性差而断刀；另外刀具也不能留的太短，以免刀架与工件干涉。

3. “前后”

另外，刀具刀体轴心线与主轴回转中心线平行，否则会造成刀柄与孔内壁干涉。

二、对刀的基本要领及偏置参数设置

1. “*Z*向”

由于工件的长度方向已没有余量，所以*Z*向通过“接触法”对刀。启动机床主轴，通过手动方式，将刀具移动到合适位置，调整进给倍率，即将要接触到工件端面的时候，以“×10”的倍率（即1丝）进给，轻轻接触工件端面，直至有铁屑切出，这时，在“偏置”界面，“形状”选项上输入“*Z*0”，按下“刀具测量”“测量”键，完成*Z*向对刀。

2. “*X*向”

同理，将刀具移动到合适位置，调整进给倍率，即将要接触到工件内孔孔壁的时候，以“×10”的倍率（即1丝）进给，直至有铁屑切出，然后，刀具退出工件，*X*向进给0.3～0.4 mm，试切工件内孔，然后，用内径千分尺测量内孔尺寸，在“偏置”界面，“形状”选项上输入“*X*测量值”，按下“刀具测量”“测量”键，完成*X*向对刀。

任务实施

安装镗孔车刀。

任务评价

完成实训自我小结表(见附件 A)。

任务三　编制内孔程序

任务目标

1. 掌握内孔加工的编程指令。
2. 能正确编制零件加工程序。
3. 激发学生的学习兴趣,端正学习态度。

任务描述

要加工出合格的零件,在制订合理的加工工艺的基础上,按照零件图(见图 4－3－1)及加工工艺编制数控程序就显得尤其重要。

本任务就是在充分掌握编程基本指令的基础上,严格按图纸及加工工艺正确地编写零件的加工程序,并能熟练修改程序。

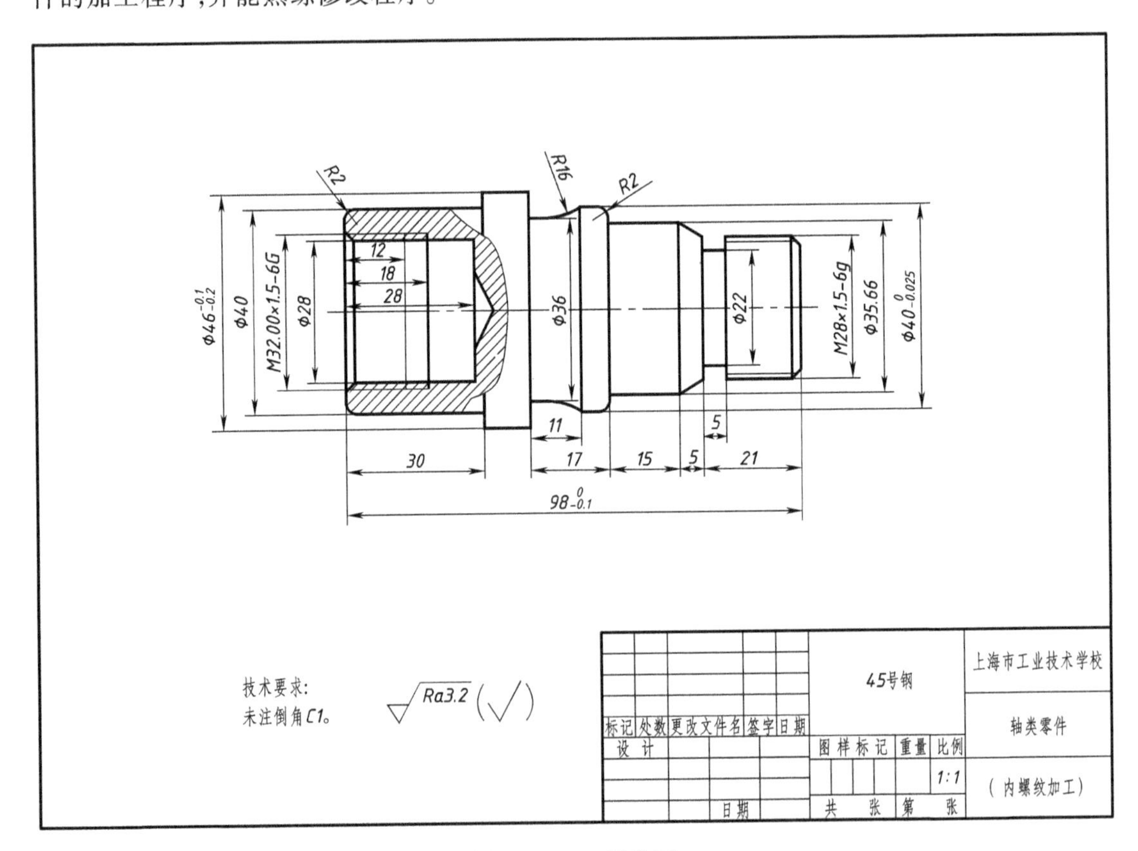

图 4－3－1　零件图

复习导入

编程指令 G 指令、M 指令。

相关知识

一、内孔粗车复合循环指令 G71

指令格式：

```
G71 U(Δd) R(e);
G71 P(ns) Q(nf) U(Δu) W(Δw) F(f) S(s) T(t);
```

说明：

Δd：每次切深，无符号，半径指定；

e：退刀量，无符号，半径指定；

ns：指定精加工路线的第一个程序段的段号；

nf：指定精加工路线的最后一个程序段的段号；

Δu：X 轴方向的精加工余量，直径值，有正、负；

Δw：Z 轴方向的精加工余量和方向。

f、s、t：略

思考：

两者有无区别，这些参数如何设置？

二、编程格式

```
O1113
T__;
M04S_;
G00X_Z_;
G71U_R_;
G71P10Q20U_W_F_;
N10G0X_;
……
N20_;
T__;
M4S_;
G0X_Z_;
G70P10Q20F_;
G0Z80
M30
```

任务实施

一、小组讨论

材料为 45 号钢，加工内孔与外圆时 G71 参数见表 4－3－1，各组讨论其参数设置，造成何种结果,分析其原因。

表 4-3-1　加工内孔与外圆时的参数

参　　数	加工 ϕ50 外圆参数值	加工 ϕ29.8 内孔参数值
循环点	X52. Z5.	X28. Z5.
R(退刀量)	1.	0.5
U(X 方向精加工余量)	U0.5	U-0.5
W(Z 方向精加工余量)	W0	W0
精加工轮廓结束点	X52.	X28.

二、程序编制(参考程序见表 4-3-2)

表 4-3-2　参考程序

O0001	程序名	X28.;	
T0404;		Z-28.;	
M04 S600;		N2 X19.;	
G00 X19. Z5.;		T0404;	
G71 U1. R1.;		M04 S800;	
G71 P1 Q2 U-0.5 W0 F0.12;		G00 G41 X19. Z5.;	
N1 G00 X31.8;		G70 P1 Q2;	
G01 Z0 F0.1;		G40 G00 Z80.;	
X29.8 Z-1.;		M30;	
Z-18.;			

技能训练

完成实训自我小结表(见附件 A)。

任务四　车削内孔

任务目标

车削内孔

1. 熟练掌握数控车床内孔的仿真操作方法。
2. 能在数控车床上正确车削内孔。
3. 激发学生的学习兴趣,端正学习态度。

任务描述

本任务就是按照图纸(见图 4-3-1)及加工工艺正确地编写零件的加工程序,在仿真软件上验证该程序,并能熟练使用数控车床进行内孔的车削加工,加工出符合图纸要求的合格零件。

零件加工工艺分析→零件编程→程序校验→?

相关知识

略(参考项目四任务一～任务三)。

任务实施

一、FANUC 0i机床仿真操作步骤

1. 打开项目文件

单击菜单“文件/打开项目”,打开已经完成外圆和螺纹加工的项目文件。

2. 激活机床

单击“启动”按钮,打开 FANUC 0i 机床,松开“急停”按钮。

3. 机床回参考点

按下“回参考点”键,然后按“ +X”“ +Z”键,屏幕出现如图 4 -4 -1 所示图框,表示已回零。

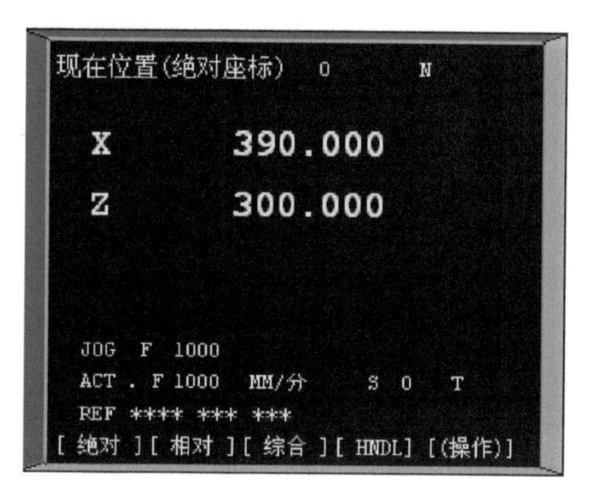

图 4 -4 -1　表示回零图框

4. 选择刀具

①单击菜单“机床/选择刀具”,弹出“刀具选择”对话框,如图 4 -4 -2 所示,根据加工方式选择所需刀片和刀柄,然后确认退出。

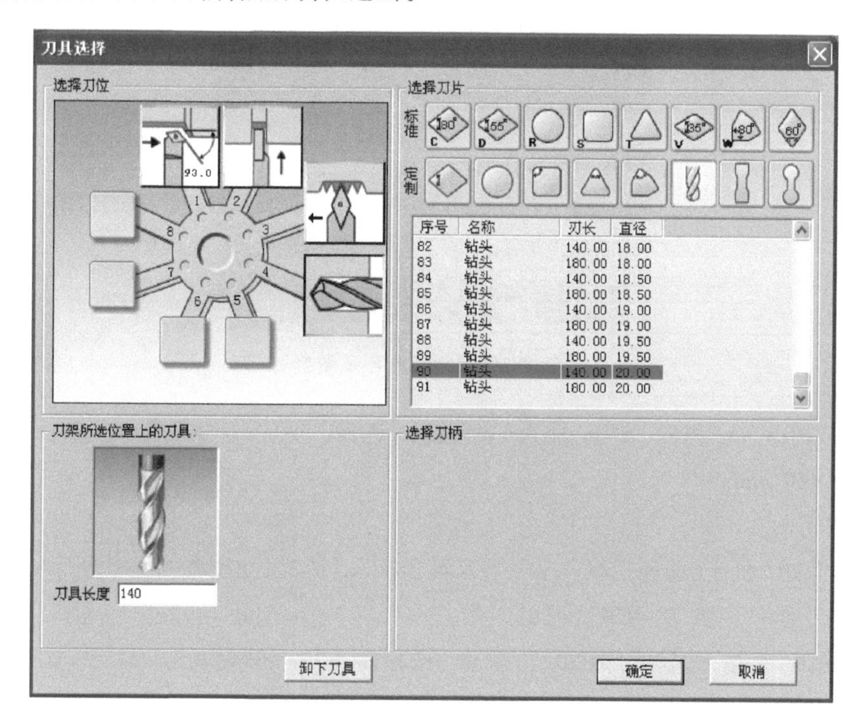

图 4 -4 -2　“刀具选择”对话框

②在“MDI”状态下，输入“T0404”，单击“循环启动”按钮，将4号刀换到加工位置，安装好后的效果如图4－4－3所示。

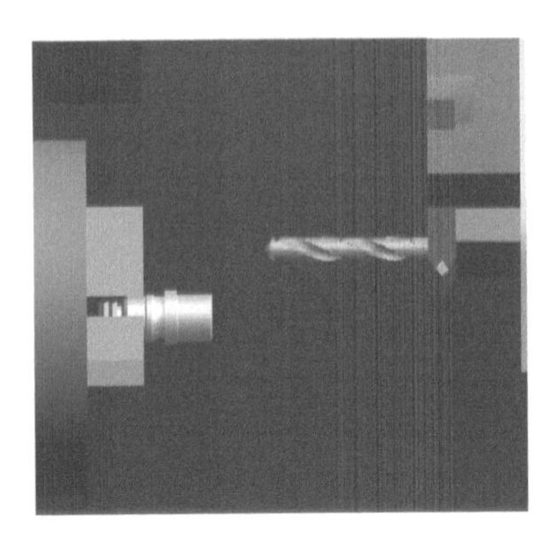

图4－4－3　安装好后的效果图

5. 手动对刀，设置参数

①在手动状态下，按下“主轴反转”键，使主轴转动起来。

②刀具进行试切：钻头轴心线和工件中心线对齐，Z轴通过接触法进行对刀，调节手轮控制进给。

③分别记下X测量的直径值和Z端面测量值，按下“偏置”补偿键，选择“形状”，然后进行设置，出现如图4－4－4所示图框。

工具补正　　O0004　N 0004

番号	X	Z	R	T
01	169.307	118.564	0.400	3
02	169.993	118.027	0.000	0
03	169.993	105.510	0.000	0
04	0.000	131.970	0.000	0
05	0.000	0.000	0.000	0
06	0.000	0.000	0.000	0
07	0.000	0.000	0.000	0
08	0.000	0.000	0.000	0

现在位置(相对座标)

U　0.000　W　131.970

>　　S 0　4

HNDL **** *** ***

[NO检索][测量][C.输入][+输入][输入]

图4－4－4　工具补正图框

④选择“POS”→“相对”命令，输入“W”选择“起源”→“手动”模式→主轴反转命令加工底孔，深度为40 mm。

6. 选择刀具

①单击菜单“机床/选择刀具”，弹出“刀具选择”对话框，如图4－4－5所示，根据加工方式选择所需刀片和刀柄，然后确认退出。

②在“MDI”状态下，输入“T0505”，单击“循环启动”按钮，将5号刀换到加工位置，安装好后的效果如图4－4－6所示。

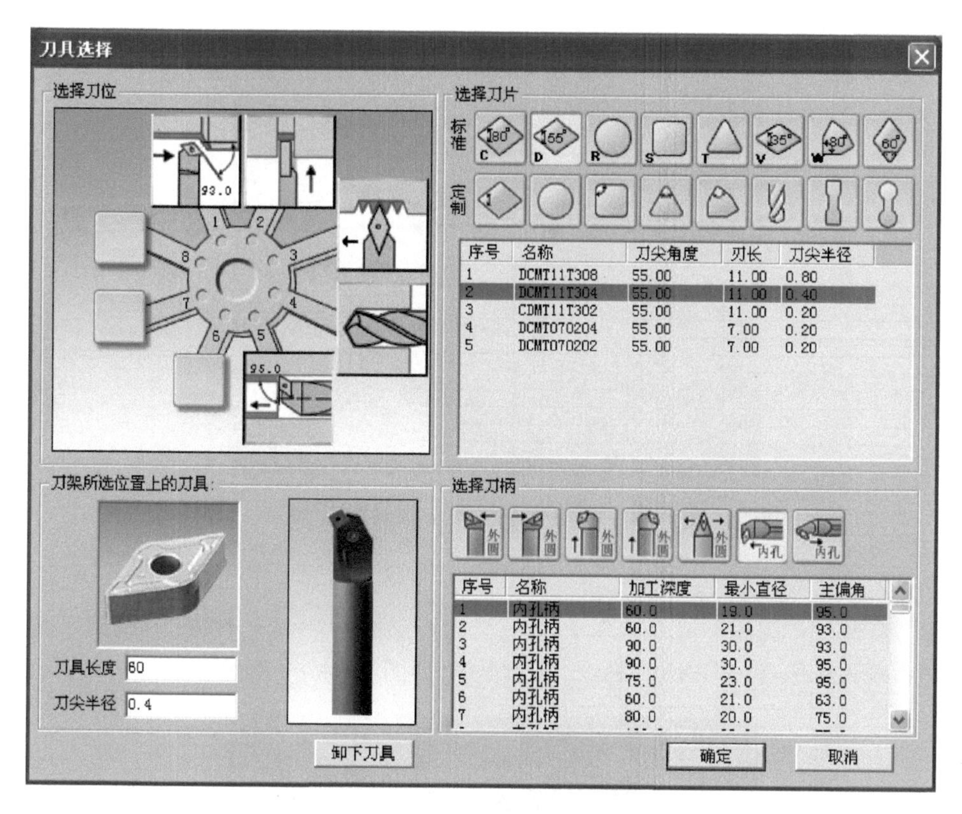

图 4-4-5 “刀具选择”对话框

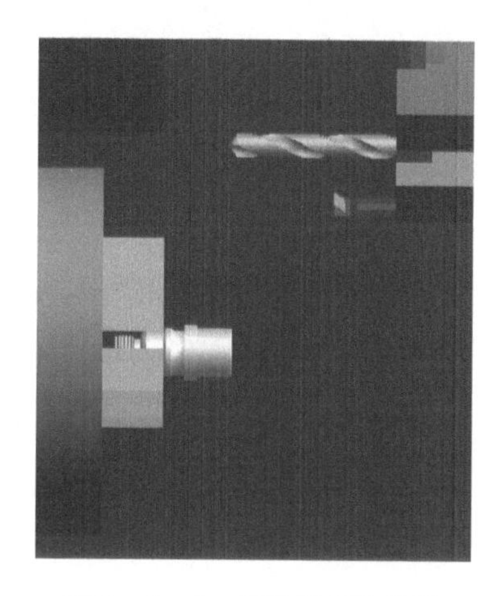

图 4-4-6 安装好后效果图

7. 手动对刀,设置参数

①在手动状态下,按“主轴反转”,使主轴转动起来。

②刀具进行试切:记下 X 测量的直径值,按下“偏置”补偿键,选择“形状”,然后进行设置。

③Z 轴通过接触法进行对刀,调节手轮控制进给。按下“偏置”补偿键,选择“形状”,然后进行设置,出现如图 4-4-7 所示图框。

工具补正　　O0004　N 0004

番号	X	Z	R	T
01	169.307	118.564	0.400	3
02	169.993	118.027	0.000	0
03	169.993	105.510	0.000	0
04	0.000	248.020	0.000	0
05	1.161	160.468	0.000	0
06	0.000	0.000	0.000	0
07	0.000	0.000	0.000	0
08	0.000	0.000	0.000	0

现在位置(相对座标)
U　25.000　W　160.468
〉　S 0　5
HNDL **** *** ***
[NO检索][测量][C.输入][+输入][输入]

图 4－4－7　设置完成后的“工具补正”图框

8. 导入程序

选择“编辑”→“程序”→“操作”→“下一页(黑三角形)”→“F 检索”→找到所需程序→“READ”→输入程序名→“EXEC”命令，导入程序，如图 4－4－8 所示。

```
程式          O0005          N 0004
O0005 ;
T0505 ;
M04 S600 ;
G00 X19. Z5. ;
G71 U1. R1. ;
G71 P1 Q2 U-0.5 W0 F0.12 ;
N1 G00 X31.8 ;
G01 Z0 F0.1 ;
X29.82 Z-1. ;
Z-18. ;
X28. ;
〉                        S 0    T 5
EDIT**** *** ***
[ 程式 ][ LIB ][    ] [    ] [(操作)]
```

图 4－4－8　导入程序

9. 图形模拟(见图 4－4－9)

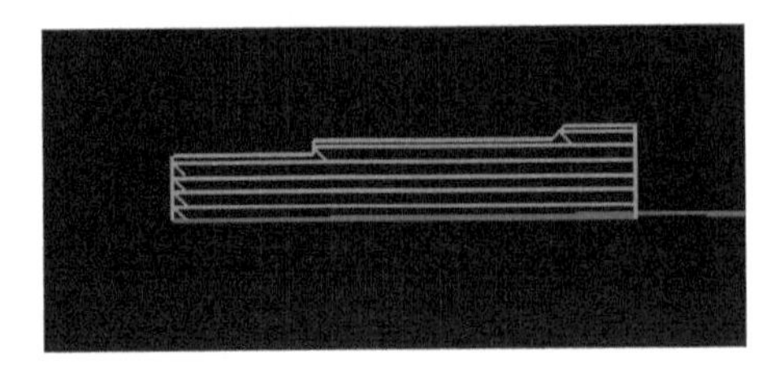

图 4－4－9　图形模拟

10. 自动运行，仿真加工零件（见图4-4-10）

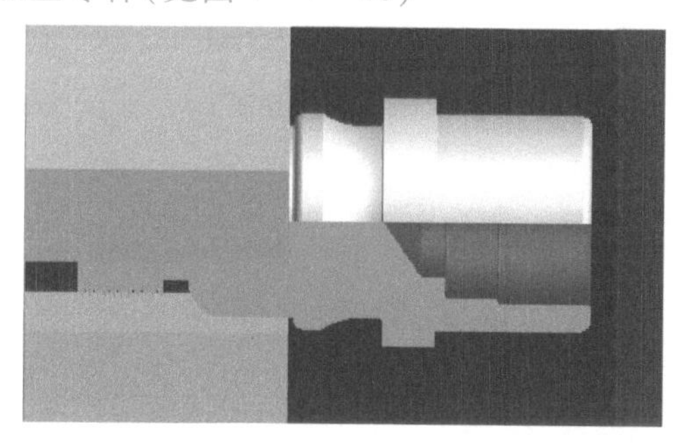

图4-4-10　仿真加工零件

二、机床加工

1. 加工准备

①阅读零件图，并按图纸要求检查坯料的尺寸。

②选择 FANUC 0i 机床，开机，机床回参考点。

③输入程序并校验该程序。

④工件安装。先将机床三爪自定心卡盘松开，根据图纸要求安放工件，并夹持有效长度，后校正夹紧。

⑤准备刀具。将镗刀安装在相应的刀架上。

2. 对刀，正确输入刀具形状补偿值和刀具磨耗补偿值

①Z 向对刀。

②X 向对刀。

③刀具磨耗补偿值输入。将精加工余量 0.5 mm 输入到对应的偏置磨耗中。

3. 程序输入与校验

①锁住机床，将加工程序输入数控系统，在"图形模拟"功能下，实现图形轨迹的校验。

②回零操作。

4. 加工工件

校验正确，调慢进给速度，按下"启动"键。机床加工时适当调整主轴转速和进给速度，保证加工正常。

5. 尺寸测量

程序执行完毕后，用游标卡尺和千分尺测量轮廓尺寸和长度尺寸，根据测量结果，修改相应刀具补偿值的数据，重新执行程序，精加工工件，直到加工出合格的产品。

6. 结束加工

松开夹具，卸下工件，清理机床。

技能训练

完成实训自我小结表（见附件A）。

任务五　检验内孔精度

任务目标

1. 掌握孔精度检验的方法。
2. 能通过工量具正确检验零件尺寸精度。
3. 培养学生独立思考的能力,增强工作责任意识。

任务描述

本任务是学会正确使用工量具、对零件进行精度检验,分析影响加工精度的原因,同时完成一份实习报告。

复习导入

零件加工精度如何检验?

相关知识

一、孔(套)类工件的测量

精度低的孔(套)类工件可用钢直尺、游标卡尺来测量;精度高的可用内卡钳,塞规、内径千分尺、内测千分尺和内径百分表来测量。

1. 内卡钳

内卡钳与外径千分尺配合使用能测量(IT7 ~ IT8)精度的孔径(在修配时或条件有限时使用)。

2. 塞规

每个塞规由通端、止端和手柄,通端的尺寸等于孔的最小极限尺寸,止端即为最大极限尺寸(批量生产选用)。

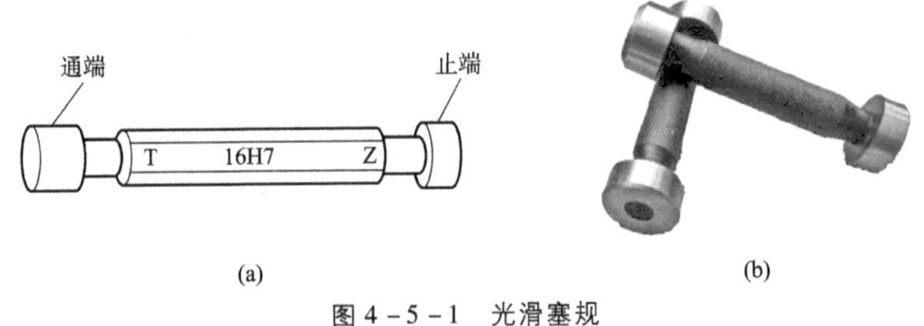

图 4－5－1　光滑塞规

3. 内径千分尺

使用内径千分尺时,千分尺在孔内摆动,应在直径方向找出最大尺寸,轴向找出最小尺寸,两个尺寸重合即是实际孔径。内径千分尺及使用方法如图 4－5－2 所示。

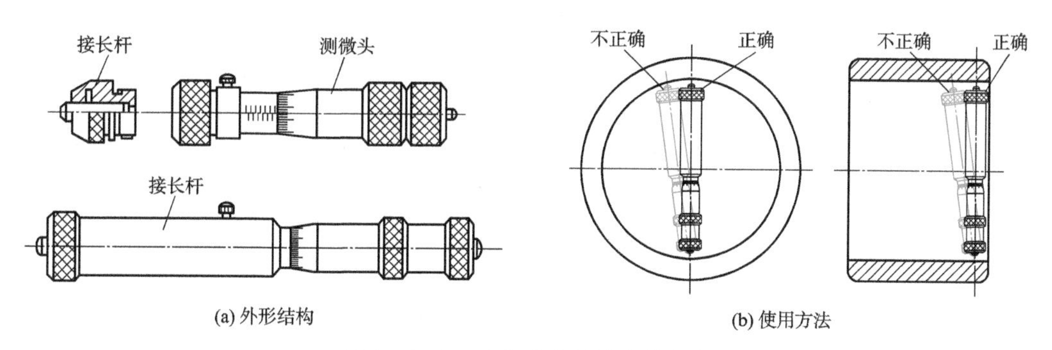

(a) 外形结构　(b) 使用方法

图 4－5－2　内径千分尺及使用方法

4. 内测千分尺

内测千分尺如图 4－5－3 所示，较少使用。

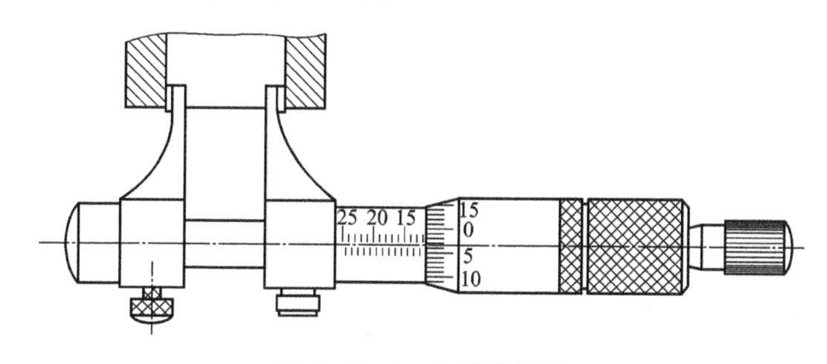

图 4－5－3　内测千分尺

5. 内径百分表

①百分表刻度值为 0.01 mm，分为钟表式、杠杆式两种。

钟表式原理：将测杆的直线移动经齿轮齿条放大，转变为指针转动。

杠杆式原理：利用杠杆齿轮放大的原理制成。

②内径百分表适用测量精度要求高，比较深的孔。

二、形状公差的测量

内径量表与外径千分尺配合使用，刻度值为 0.01 mm，可测量圆度与圆柱度（锥度）。

①圆度：在圆截面各个方向上测量，最大值与最小值之差的一半。

②圆柱度（锥度）：在全长上取前、中、后几点测量，最大值与最小值之差的一半。

三、位置公差的测量

①径向圆跳动的测量：用心轴、V 形铁的检验方法、区分圆跳动和同轴度的测量法如图 4－5－4 所示。

②端面圆跳动的测量：小锥度心轴测量。

③端面对轴线垂直度的测量：端面圆跳动与端面对轴线的垂直度是有区别的。测量方法：先测量端面圆跳动是否合格，再用刀口直尺或游标卡尺尺身侧面透光检查。对于精度要求高的工件，如图 4－5－5 所示，可把工件安装在 V 形架 1 的小锥度心轴 3 上，测量时，将杠杆式百分表 4 的测量头从端面的最内一点沿径向向外拉出，百分表指示的读数差就是端面对

内孔轴线的垂直度误差。

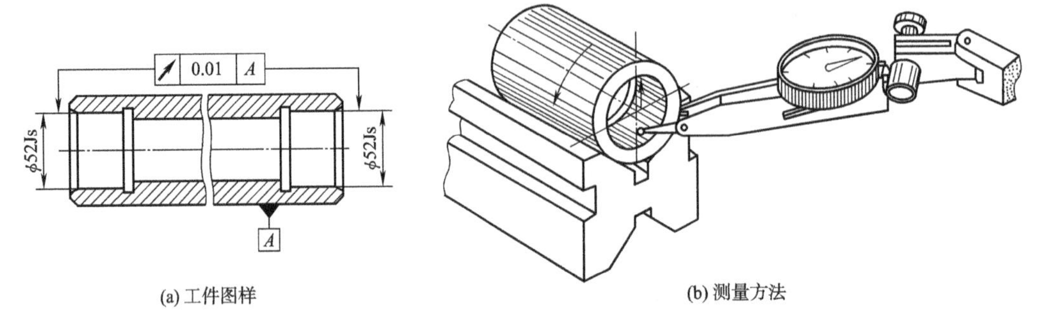

(a) 工件图样　　(b) 测量方法

图 4－5－4　工件放在 V 形架上检测径向圆跳动

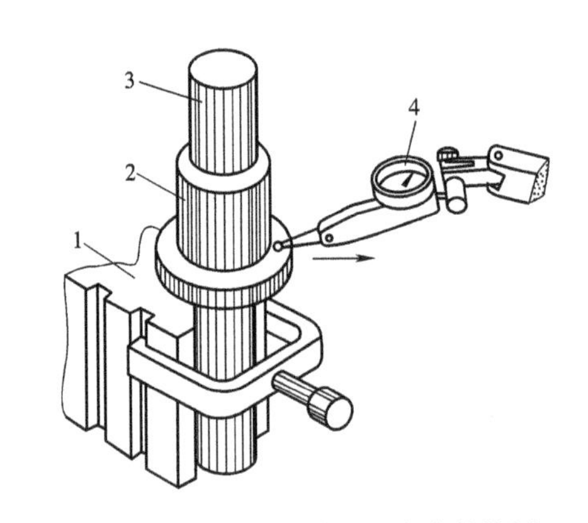

图 4－5－5　工件端面垂直度的检测

1—V 形架；2—工件；3—小锥度心轴；4—杠杆式百分表

任务实施

完成孔精度测量。

注意

工量具使用时应注意的事项如下：

①测量前，确认工量具是否归零。

②测量前，先将工件测量面的毛刺、油污、铁屑等清除干净，以免测量不准确。

③测量时，应与工件接触适当，不可偏斜，以免产生测量误差。

④测量力应适当，过大的测量力会产生测量误差，且容易对工量具产生损伤。

⑤使用工量具后，应清洁干净，并放入盒内盖好。

⑥不可私自拆卸、调整、装配工量具，应由专门人员实施。

技能训练

撰写一份实习报告。

项目五

车削普通(三角)内螺纹

任务一　计算普通(三角)内螺纹的参数

任务目标

1. 了解普通(三角)内螺纹的结构和用途。
2. 掌握内螺纹(60°牙型角)的牙高、大径、小径的计算方法。
3. 激发学生的主观能动性。

任务描述

本任务就是以零件图纸为基础,对零件加工要求进行分析,确定出螺纹大径、中径、底径的尺寸。

复习导入

外螺纹的车削。

相关知识

车削螺纹的基本知识

三角形内螺纹工件形状常见的有三种,即通孔、盲孔和台阶孔,如图 5-1-1 所示,其中通孔内螺纹容易加工。在加工内螺纹时,由于车削的方法和工件形状的不同,因此所选用的螺纹车刀也不相同。

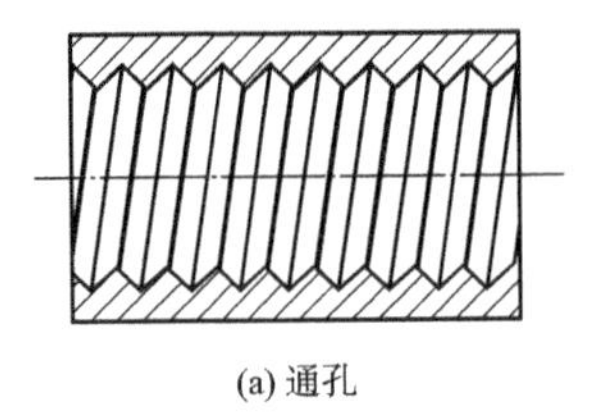
(a) 通孔

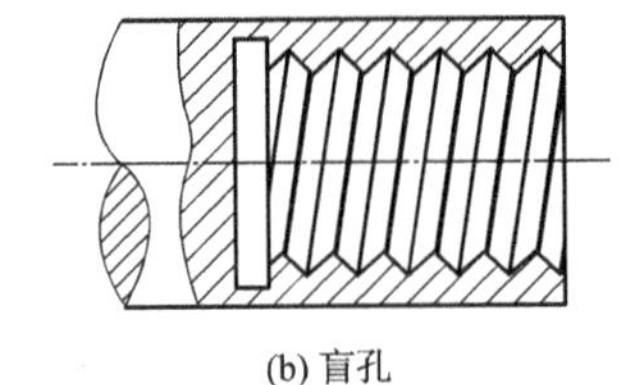
(b) 盲孔

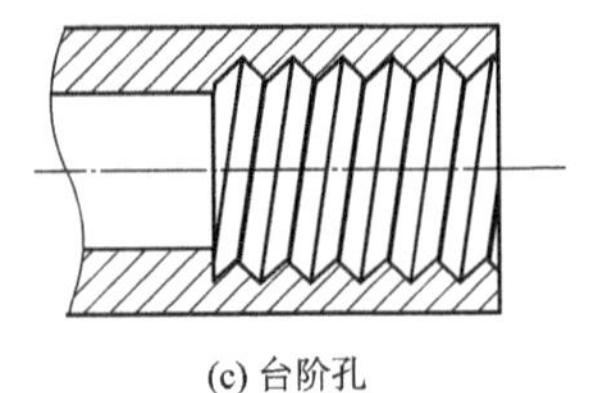
(c) 台阶孔

图 5－1－1 三角形内螺纹

工厂中最常见的内螺纹车刀如图 5－1－2 所示。

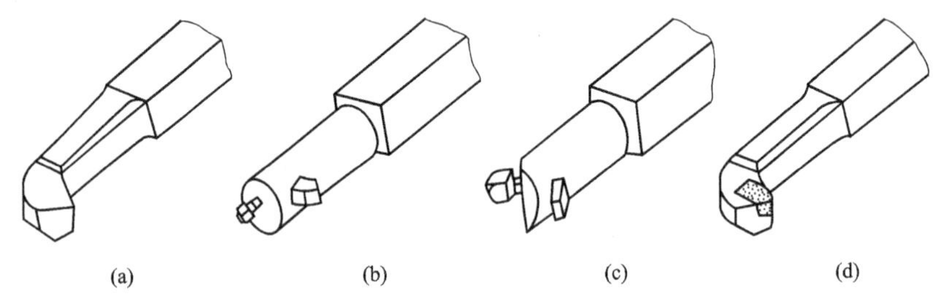
(a) (b) (c) (d)

图 5－1－2 常见的内螺纹车刀

1. 内螺纹车刀的选择和装夹

内螺纹车刀的选择：内螺纹车刀是根据它的车削方法和工件材料及形状来选择的。它的尺寸大小受到螺纹孔径尺寸限制，一般内螺纹车刀的刀头径向长度应比孔径小 3 ~ 5 mm。否则退刀时会碰伤牙顶，甚至不能车削。刀杆的大小在保证排屑的前提下，要粗壮些。

车刀的刃磨和装夹：内螺纹车刀的刃磨方法和外螺纹车刀基本相同。但是刃磨刀尖时要注意它的平分线必须与刀杆垂直，否则车内螺纹时会出现刀杆碰伤内孔的现象，如图 5－1－3 所示。刀尖宽度应符合要求，一般为 0.1 × 螺距。

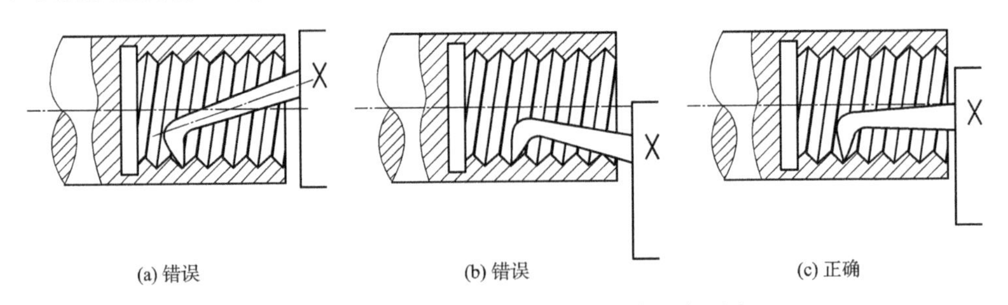

(a) 错误 (b) 错误 (c) 正确

图 5－1－3 刃磨刀尖的平分线必须与刀杆垂直

在装刀时，必须严格按样板找正刀尖。否则车削后会出现倒牙现象。刀装好后，应在孔内摇动床鞍至终点检查是否碰撞，如图 5－1－4 所示。

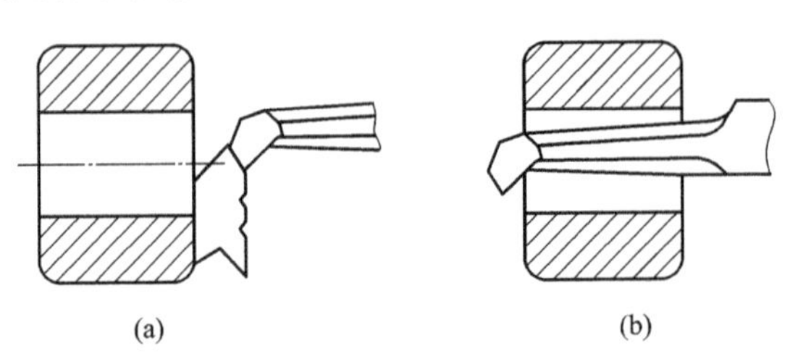
(a) (b)

图 5－1－4 检查是否碰撞

2. 三角形内螺纹孔径的确定

在车内螺纹时,首先要钻孔或扩孔,孔径公式一般可采用下面公式计算:

$$D_{孔} \approx d - 1.05P$$

3. 车通孔内螺纹的方法

①车内螺纹前,先把工件的内孔、平面及倒角车好。

②开车空刀练习进刀,退刀动作,车内螺纹时的进刀和退刀方向和车外螺纹时相反。

③进刀切削方式和外螺纹相同,螺距小于 1.5 mm 或铸铁螺纹采用直进法;螺距大于 2 mm 采用左右切削法。为了改善刀杆受切削力变形,它的大部分余量应先在尾座方向上切削掉,后车另一面,最后车螺纹大径。车内螺纹时目测困难,一般根据观察排屑情况进行左右赶刀切削,并判断螺纹表面的粗糙度。

4. 车盲孔或台阶孔内螺纹

①车退刀槽,它的直径应大于内螺纹大径,槽宽为 2 ~3 个螺距,并与台阶平面切平。

②选择盲孔车刀。

③根据螺纹长度加上 1/2 槽宽在刀杆上做好记号,作为退刀、开合螺母起闸之用。

④车削时,中滑板手柄的退刀和开合螺母起闸动作要迅速、准确、协调,保证刀尖在槽中退刀。

⑤切削用量和切削液的选择和车外螺纹时相同。

5. 内螺纹尺寸计算

螺纹小径(顶径) $= D - 1.1P$(单线螺纹导程为螺距)

螺纹牙高 $= 0.6499P$

螺纹大径(底径) = 螺纹小径 $+ 1.3P$(2 倍牙高)

任务实施

计算内螺纹参数。

技能训练

完成实训自我小结表(见附件 A)。

任务二　安装刀具与对刀

任务目标

1. 掌握内孔螺纹车刀的安装及调整的方法。
2. 能进行内孔螺纹车刀的对刀和参数设置。

3. 培养学生积极动手的能力。

任务描述

本任务是在认识内圆螺纹车刀结构的基础上，学会装刀的方法，同时会进行对刀及参数设置，为加工出符合图 5－2－1 所示的零件图要求的合格零件做准备。

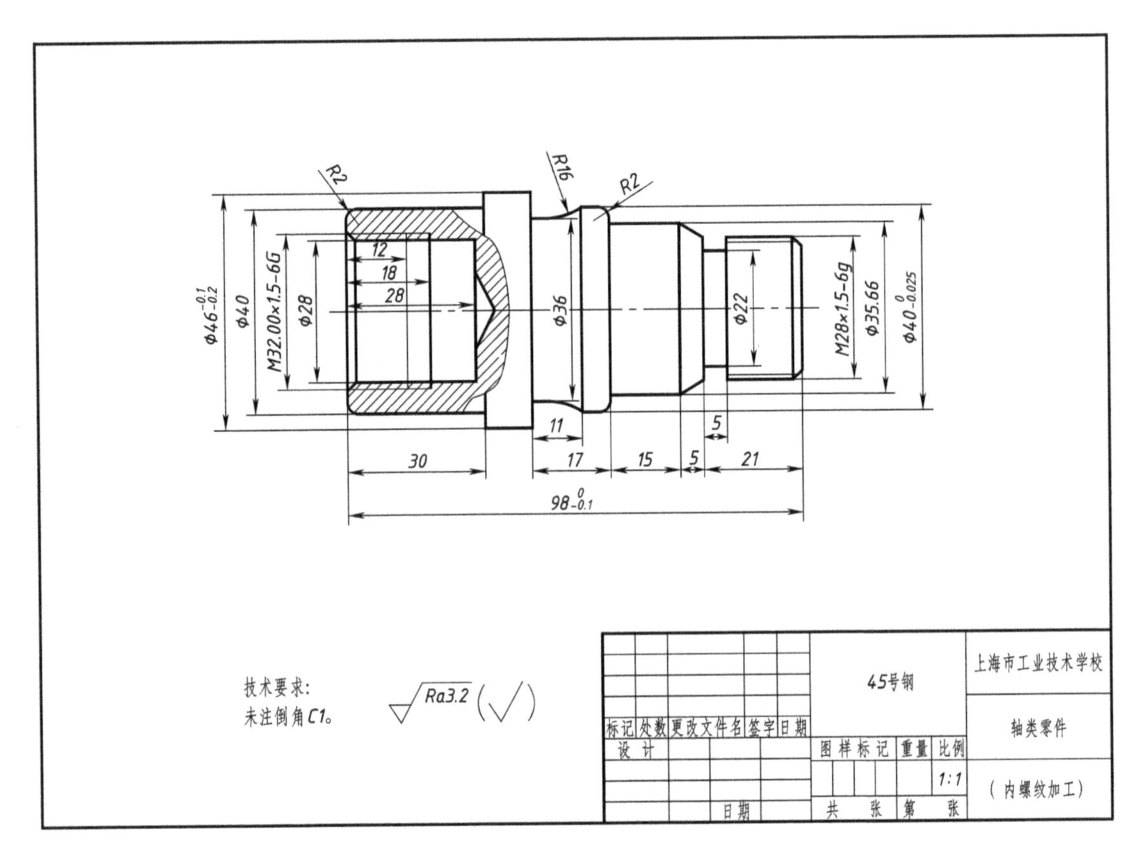

图 5－2－1　零件图

复习导入

内螺纹车刀的安装方法和注意点？

相关知识

略（参考项目二任务二）。

任务实施

1. 加工准备

①阅读零件图 5－2－1，并按图纸要求检查坯料的尺寸。

②开机，机床回参考点。

内螺纹
车刀安装

③输入程序并校验该程序。

④安装夹紧工件。

先将上道工序完成的零件安装在三爪自定心卡盘上,校正夹紧,工件悬伸出足够的长度。

⑤准备刀具。安装内孔螺纹车刀时,车刀刀杆的轴心线平行于主轴回转中心,以保证刀尖对准工件中心,并用样板对刀,以保证刀尖角的角平分线与工件的轴线相垂直,车出的牙型角才不会偏斜。另外,由于是内孔螺纹车刀,需考虑刀具刚性,不能伸出太长,以免断刀。

2. 对刀,正确输入偏置数据

内螺纹
车刀对刀

(1)*X* 向对刀

本任务选择刀具接触法对内孔镗刀试切好的内孔表面 *X* 向的对刀操作,当内孔螺纹刀接触到内孔表面时,即为内孔螺纹刀试切后的 *X* 值,将此数据通过"刀具测量"键输入到工具偏置形状 *X* 中。

(2)*Z* 向对刀

用目测法对刀,移动刀具,将螺纹刀刀位点与内孔或外圆端面平齐。将"*Z*0"输入到偏置形状 *Z* 中。

3. 对刀结束

技能训练

完成实训自我小结表(见附件 A)。

任务三　编制螺纹切削复合循环指令

任务目标

螺纹指令 G76
编程方法

1. 掌握螺纹切削复合循环 G76 的编程方法。
2. 能运用螺纹切削复合循环指令正确编写程序。
3. 培养学生勤于思考的能力。

任务描述

本任务就是以零件图 5-3-1 为基础,对零件加工要求进行分析,确定出螺纹大径、中径、底径,根据计算得到的基点坐标,编写出正确的 G76 加工程序。

螺纹切削循环 G92 的编程方法。

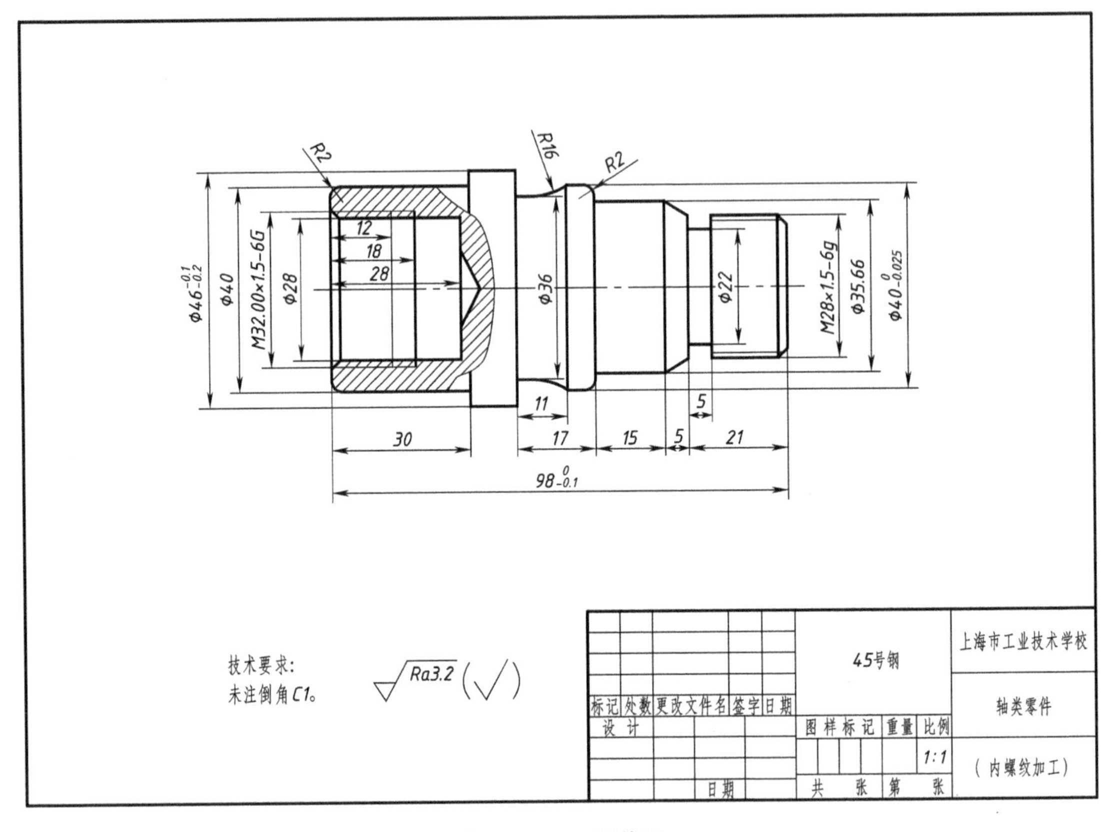

图 5-3-1　零件图

相关知识

1. 编程知识

(1)螺纹切削复合循环 G76

G76 用于螺纹加工,其进刀路线与 G92 指令加工螺纹的路线有所不同(见图 5-3-2),其中 G92 加工时,进刀路线为“直进法”,而 G76 加工时,进刀路线为“斜进法”,从加工工艺及加工质量上分析,G76 指令加工更佳。

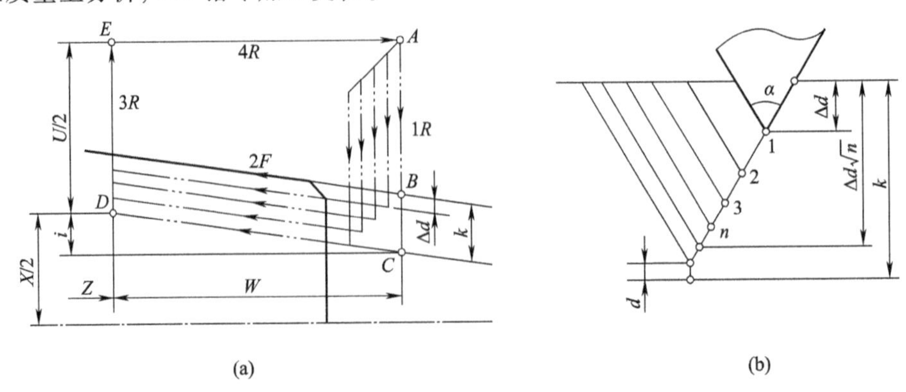

图 5-3-2　复合螺纹切削循环与进刀法

(2)指令格式

G76 P(m)(r)(α) Q(Δd_{min}) R(d);

G76 X(u)_Z(w)_R(i) P(k) Q(Δd) F_;

说明：　m——精加工重复次数(1~99)。

r——倒角量,即螺纹切削退尾处的 Z 向退刀距离。

a——刀尖角度,可选择 80°、60°、55°、30°、29°、0°,用两位数指定。

Δd_{min}——最小切削深度,该值用不带小数点的半径量表示。

d——精加工余量,该值用带小数点的半径量表示。

X(U)_Z(W)_——螺纹切削终点坐标。

i——螺纹部分的半径差,如果 $i=0$,可作一般直线螺纹切削。

k——螺纹高度,螺纹部分半径之差,即螺纹切削起始点与切削终点的半径差。加工圆柱螺纹时,$i=0$。加工圆锥螺纹时,当 X 向切削起始点坐标小于切削终点坐标时,i 为负,反之为正。这个值在 X 轴方向用半径值指定。

Δd——第一次的切削深度(半径值),该值用不带小数点的半径量表示。

F——导程。如果是单线螺纹,则该值为螺距。

例:G76P011030 Q50 R0.05;

G76X27.6Z-30.R0P1200Q400F2.0;

2. 内螺纹尺寸计算

内螺纹 M32×1.5,计算螺纹的尺寸参数。

螺纹小径(顶径)=$D-1.1F$(单线螺纹导程为螺距)=32-1.1×1.5=30.35 (mm)

螺纹牙高=$0.6499F$=0.975 (mm)

螺纹大径(底径)=螺纹小径+$1.3F$(2倍牙高)=32.05 (mm)

3. 加工程序(见表5-3-1)

表5-3-1　加工程序

O0006	
T0404;	
M4S500;	
G00X28. Z10.;	循环点定位
G76P021060 Q100 R-0.1;	精加工2次;倒角量10°;牙型角60°;最小切深0.1 mm;精加工余量0.1 mm(内螺纹为负)
G76X32.05Z-12. P975 Q300 F1.5;	X32.05牙底直径,Z-12螺纹长度,牙高0.975 mm;第一刀加工0.3 mm螺距1.5 mm
G00Z50.;	
M30	

任务实施

为如图 5－3－3 所示的内螺纹编制加工程序。

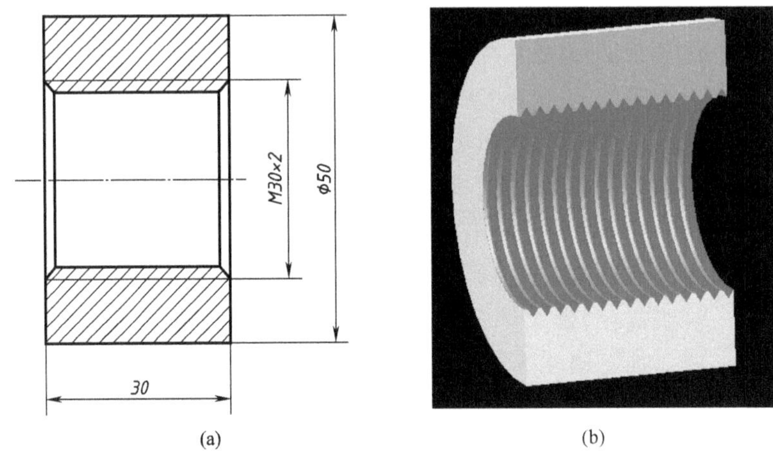

图 5－3－3　内螺纹零件图

技能训练

完成实训自我小结表(见附件 A)。

任务四　车削普通(三角)内螺纹

任务目标

车削螺纹

1. 掌握内螺纹仿真加工的方法。
2. 能车削普通(三角)内螺纹。
3. 培养学生善于观察、勤于思考的精神。

任务描述

在数控程序编制完成后准备加工前,一方面为防止程序出错或工艺不合理,另一方面为了熟悉机床操作的整个过程及机床面板的使用,可以在数控仿真软件上进行模拟操作,待确认无错时再上机床进行加工。这样可以更加确保加工零件的合格率,还可以提高数控机床的使用效率。

本任务是熟练使用宇龙数控仿真软件以及用宇龙数控仿真软件进行普通(三角)内螺纹的模拟车削加工,验证程序的正确性,最终在机床上完成普通(三角)内螺纹的车削。

零件编程→程序校验→?

相关知识

略(可参考项目五任务一～任务三)。

任务实施

一、FANUC 0i 机床仿真操作步骤

1. 打开仿真系统(见图 5－4－1)

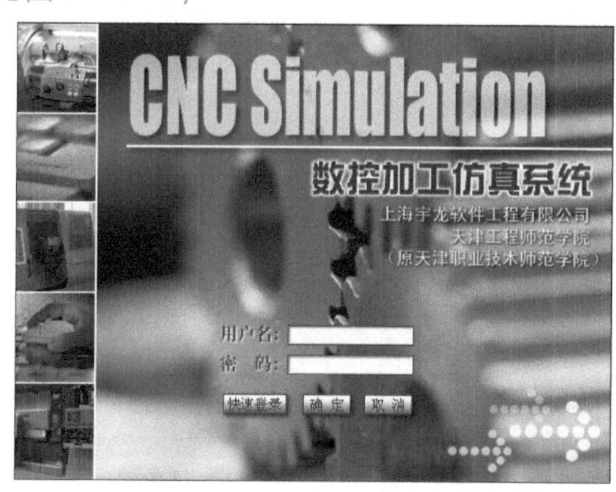

图 5－4－1　打开仿真系统

2. 选择文件

选择“文件”→“打开项目”命令,找到以前保存的项目文件,如图 5－4－2 所示。

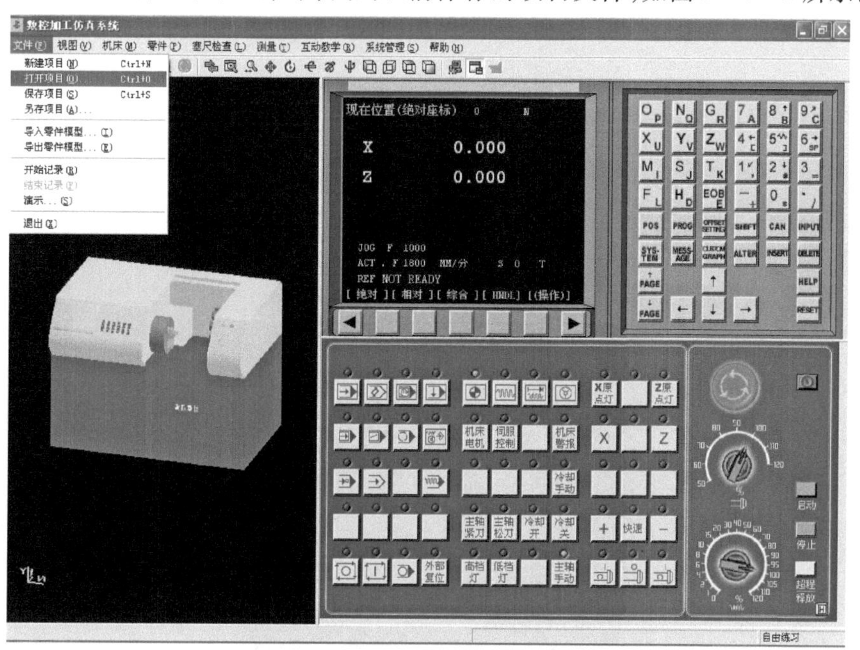

(a)

图 5－4－2　打开项目文件

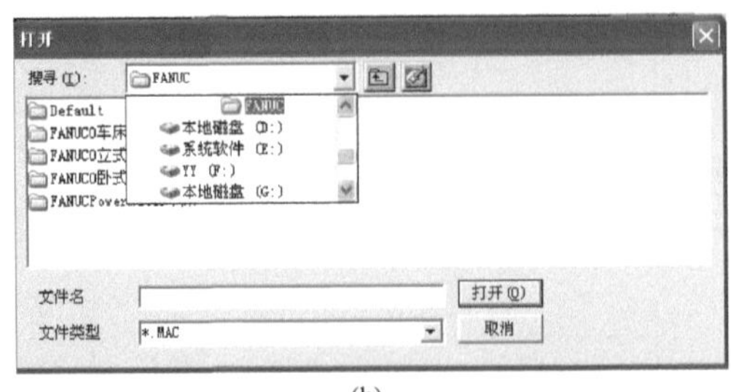

(b)

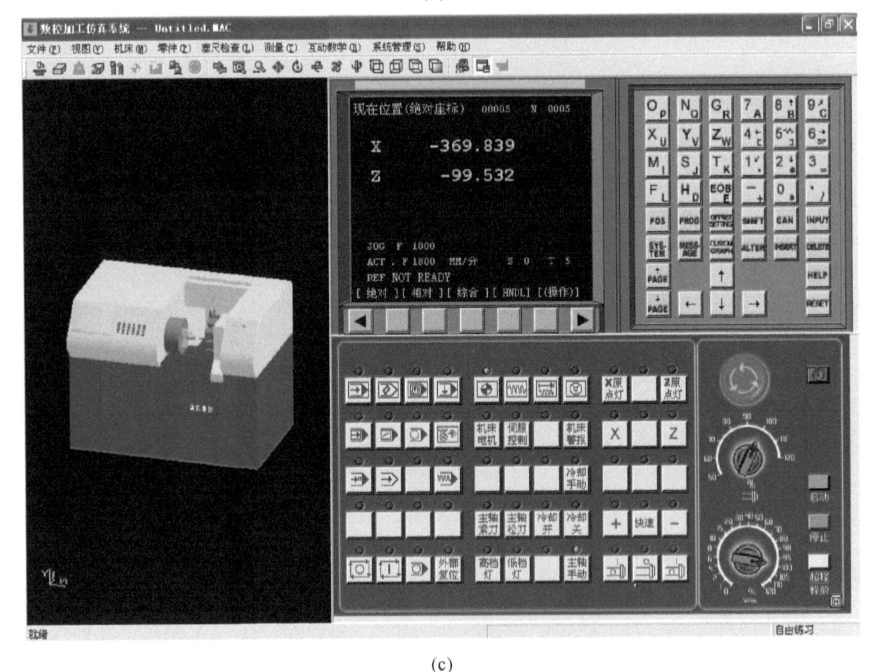

(c)

图 5-4-2　打开项目文件(续)

3. 打开电源,启动机床

松开“急停”按钮,启动机床。

4. 机床回参考点

按下“回参考点”键,然后按“+X”“+Z”,屏幕出现如图 5-4-3 所示图框,表示已回零。

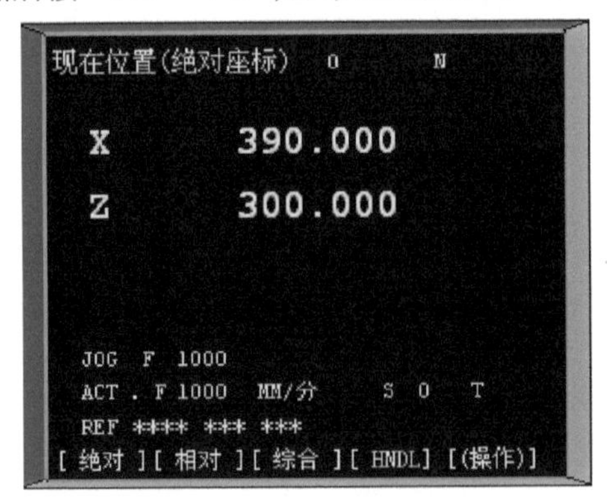

图 5-4-3　已回零图框

5. 选择刀具

单击菜单“机床/选择刀具”，弹出“刀具选择”对话框，如图 5－4－4 所示根据加工方式选择所需刀片和刀柄，然后确认退出。

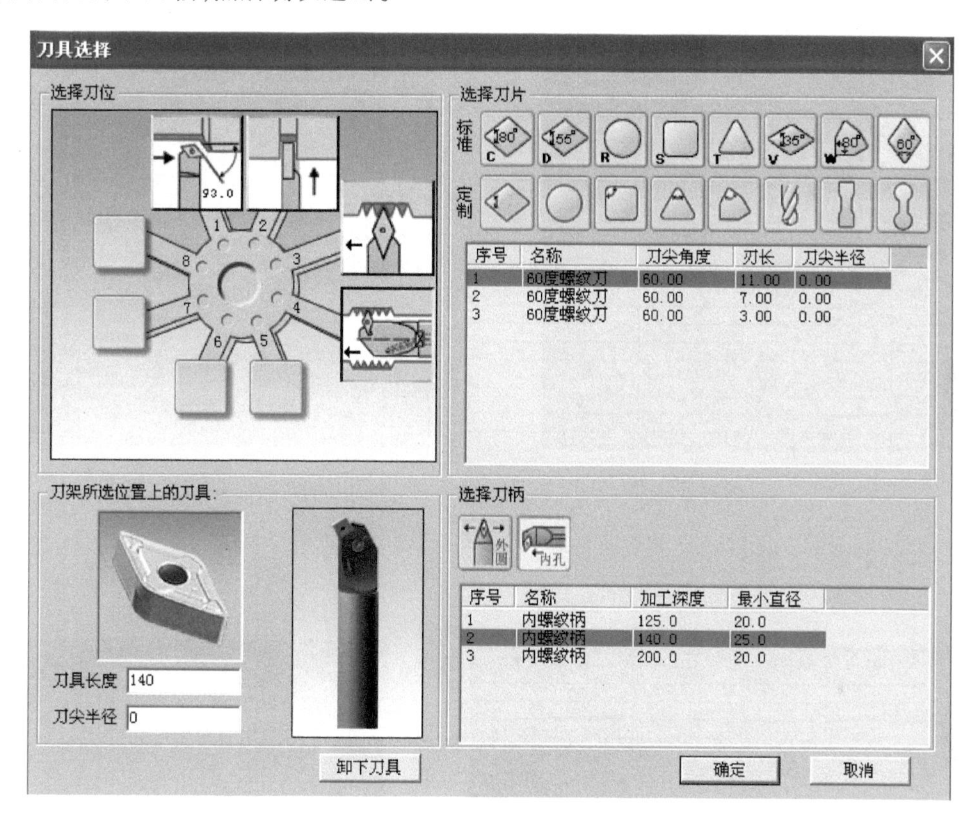

图 5－4－4　“刀具选择”对话框

6. 手动对刀，设置参数

①在手动状态下，按下“主轴反转”键，使主轴转动起来，X 轴通过接触法进行对刀，调节手轮控制进给，X 轴对刀效果如图 5－4－5 所示；Z 轴通过目测法对刀，Z 轴对刀效果如图 5－4－6 所示。

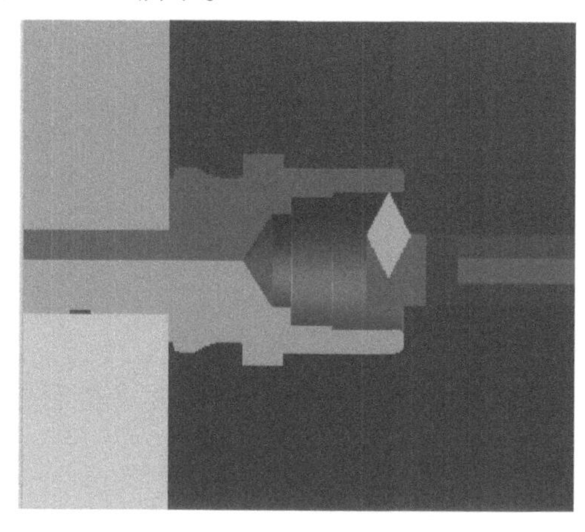

图 5－4－5　X 轴对刀效果图

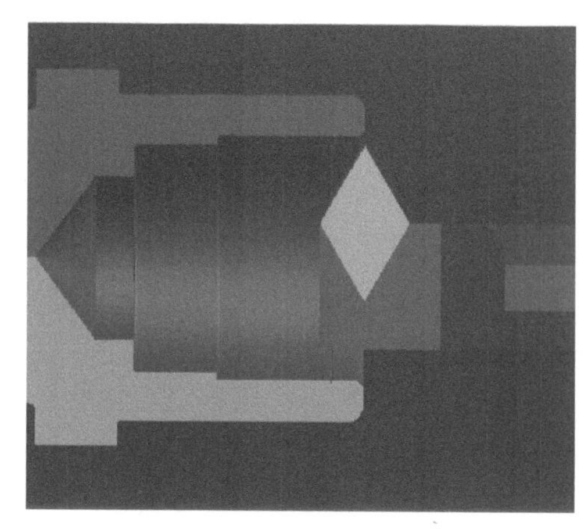

图 5－4－6　Z 轴对刀效果图

②分别记下 X 测量的直径值和 Z 端面测量值，按下“偏置”补偿键，选择“形状”，然后进行设置，出现如图 5－4－7 所示图框。

7. 输入程序

在编辑状态下输入正确的程序，如图 5－4－8 所示。

工具补正　　O0005　N 0005

番号	X	Z	R	T
01	169.307	118.564	0.400	3
02	169.993	118.027	0.000	0
03	169.993	105.510	0.000	0
04	-9.487	242.593	0.000	0
05	1.161	160.468	0.000	0
06	0.000	0.000	0.000	0
07	0.000	0.000	0.000	0
08	0.000	0.000	0.000	0

现在位置(相对座标)
U 18.213　W 242.593
>　S 120　4
HNDL**** *** ***
[NO检索][测量][C.输入][+输入][输入]

图 5－4－7　工具补正图框

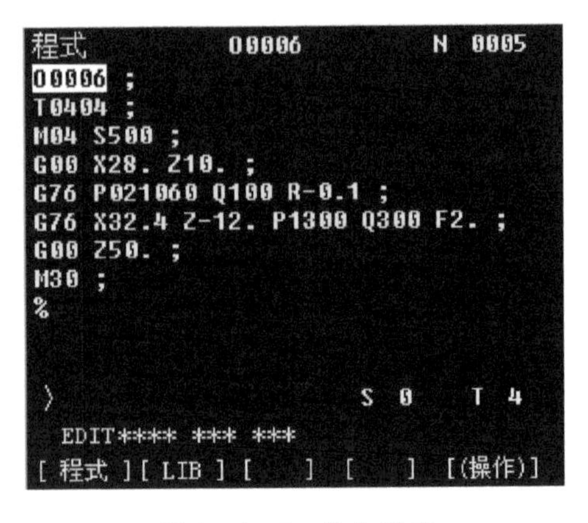

图 5－4－8　输入程序

8. 模拟轨迹（见图 5－4－9）

9. 自动运行，仿真加工零件（见图 5－4－10）

图 5－4－9　模拟轨迹

图 5－4－10　仿真加工零件

二、机床加工

1. 加工准备

①阅读零件图，并按图纸要求检查坯料的尺寸。

②选择 FANUC 0i 机床，开机，机床回参考点。

③输入程序并校验该程序。

④安装工件。先将机床自定心三爪卡盘松开，根据图纸要求安放工件，并夹持有效长度，后校正夹紧。

2. 准备刀具

将牙型角为 60°内螺纹车刀安装在方刀架 4 号刀位。安装刀具时要保证刀具悬伸长度，并注意刀具轴心线与工件轴线之间的夹角,同时考虑刀具的刚性。

3. 对刀,正确输入刀具形状补偿值和刀具磨耗补偿值

(1)Z 向对刀

通过目测法,当螺纹刀刀尖与工件端面平齐时,在偏置形状中输入“Z0”测量,按下“刀具测量”“测量”键,完成 Z 向对刀。

(2)X 向对刀

螺纹刀采用接触法对 X 值,通过机床进给,接触到已加工工件直径,测得 X 值,并在 2 号偏置形状中输入“该值”测量,同时按下“刀具测量”“测量”键,完成 X 向对刀。

(3)刀具磨耗补偿值输入

将精加工余量 0.1 mm(其中外螺纹为正值,内螺纹为负值)输入到对应的偏置磨耗中。

4. 程序校验

①锁住机床,将加工程序输入数控系统,在“图形模拟”功能下,实现图形轨迹的校验。

②回零操作。

5. 加工工件

校验正确,调慢进给速度,按下“启动”键。机床加工时适当调整主轴转速和进给速度,保证加工正常。

6. 精度检验

程序执行完毕后,用止通规检测螺纹精度,根据测量结果,修改相应刀具补偿值的数据,重新执行程序,精加工工件,直到加工出合格产品。

7. 结束加工

松开夹具,卸下工件,清理机床。

技能训练

完成实训自我小结表(见附件 A)。

任务五　分析普通(三角)内螺纹的加工质量

任务目标

1. 掌握内孔螺纹质量分析的方法。
2. 能通过质量分析,正确判断影响加工质量的因素。
3. 培养学生积极动手的能力。

任务描述

本任务是学会对零件进行加工质量分析,寻找影响加工精度的原因,同时完成一份实习报告。

复习导入

零件加工精度如何？如何检验？

相关知识

一、机械加工精度

(一) 加工精度

加工精度是指零件加工后实际几何参数(尺寸、形状和位置)与理想几何参数相符的程度。符合程度越高,加工精度越高。

零件的加工精度包括尺寸精度、形状精度、位置精度。

①尺寸精度:限制加工表面与其基准间的尺寸误差不超过一定的范围。

②形状精度:限制加工表面的宏观几何形状误差,如圆度、直线度、平面度等。

③位置精度:限制加工表面与其基准间的相互位置误差,如平行度、同轴度等。

(二) 获得加工精度的方法

1. 获得尺寸精度的方法

①试切法:即试切—测量—再试切—直到测量结果达到图纸给定的要求,一般用于单件小批生产。

②调整法:按照零件规定的尺寸预先调整好刀具与工件的相对位置来保证加工表面尺寸的方法,一般用于成批大量生产。

③定尺寸刀具法:用刀具的相应尺寸来保证加工表面的尺寸,其生产率高,但刀具制造复杂。

④自动控制法:即用切削测量补偿调整尺寸精度。

2. 获得形状精度的方法

①轨迹法:利用刀尖运动轨迹形成工件表面形状。

②成形法:由刀具刀刃的形状形成工件表面形状。

③展成法:由切削刃包络面形成工件表面形状。

3. 获得位置精度的方法

位置精度主要由机床精度、夹具精度和工件的装夹精度来保证。

(三) 加工误差

实际加工不可能做到与理想零件完全一致,总会有大小不同的偏差,零件加工后的实际几何参数对理想几何参数的偏离程度,称为加工误差。

常用加工误差的大小来评价加工精度的高低。即加工误差越小,加工精度越高。实际生产中用控制加工误差的方法来保证加工精度。

(四) 加工经济精度

由于在加工过程中有很多因素影响加工精度,所以同一种加工方法在不同的工作条件下所能达到的精度是不同的。任何一种加工方法,只要精心操作,细心调整,并选用合适的切削参数进行加工,都能使加工精度得到较大的提高,但这样会降低生产率,增加加工成本。

因此,加工方法的加工经济精度不应理解为一个确定值,而是有一个范围,在这个范围内都可以说是经济的。

(五)原始误差

工件和刀具安装在夹具和机床上,工件、刀具、夹具、机床构成了一个完整的工艺系统。工艺系统的种种误差,是造成零件加工误差的根源,凡是能直接引起加工误差的因素都称之为原始误差。

二、影响加工误差的因素

(一)加工前误差

1. 加工原理误差

由于采用近似的加工运动或刃形所产生的加工误差,称为加工原理误差。例如:滚齿加工时,由于滚刀的制造误差而产生了加工原理误差。

2. 调整误差

是指使刀具的切削刃与定位基准保持正确位置的过程。例如:定位原件的制造误差和位置误差。

3. 机床误差

机械加工过程中,刀具相对于工件的成形运动一般都是通过机床完成的。因此,工件的加工精度在很大程度上取决于机床的精度。例如:机床导轨本身的制造误差、不均匀磨损、安装指令等都将使机床工作精度下降。

4. 夹具误差

夹具的作用是使工件相对于刀具和机床具有正确的位置,其误差对工件尺寸精度和位置精度影响很大。例如:夹具制造误差、安装误差及磨损。

5. 工件装夹误差

工件在装夹过程中产生的误差。装夹误差包括定位误差和夹紧误差。例如:如果选用的定位基准与设计基准不重合,就会产生基准不重合误差。

6. 刀具制造误差

刀具制造误差对加工精度的影响随刀具种类的不同而不同。例如:采用定尺寸刀具、成形刀具等加工时,刀具的制造误差会直接影响工件的加工精度。

(二)加工过程中的误差

1. 工艺系统受力变形

机械加工工艺系统在切削力、夹紧力、惯性力、重力、传动力等的作用下,会产生相应的变形,从而破坏工艺系统各组成部分的相互位置关系,产生加工误差并影响加工过程的稳定性。例如:车削细长轴时,工件在切削力的作用下会发生变形,从而使工件的加工精度降低。

2. 工艺系统热变形

工艺系统热变形对加工精度的影响比较大,特别是在精密加工和大件加工时,因为热变形所引起的加工误差有时可占工件总误差的40% ~70%左右。

工艺系统的热源包括内部热源(如摩擦热、切削热等)和外部热源(如外部环境温度、阳光辐射等)。

机床、刀具、工件受到各种热源的作用，温度会逐渐升高，同时它们也通过各种传热方式向周围散发热量。当单位时间传入的热量与其散出的热量相等时，工艺系统就达到了热平衡状态。

3. 刀具磨损

任何刀具在切削过程中，由于摩擦，刀具不可避免的要产生磨损，并由此引起工件尺寸和形状的改变，而造成加工误差。正确选用刀具材料，合理使用刀具几何参数和切削用量，正确地刃磨刀具，采取必要的冷却液等，都可以有效减少刀具的磨损。

（三）加工后误差

1. 残余应力引起变形

没有外力作用而存在于零件内部的应力，称为残余应力，又称内应力。

工件上一旦产生内应力之后，就会使工件金属处于一种不稳定状态，并伴随着变形发生，从而使工件丧失原有的加工精度。例如：热处理工序使工件产生内应力，对具有内应力的工件进行加工时，工件原有的内应力平衡状态被破坏，使工件产生了变形。

2. 测量误差

测量误差包括量具本身的制造误差和测量条件下引起的误差。例如：测量力的变化引起测量尺寸的变化。

三、提高加工精度的途径

1. 减少工艺系统受力变形的措施

①提高接触刚度，改善机床主要零件接触面的配合质量。例如：机床导轨和装配面进行刮研。

②设置辅助支承，提高局部刚度。例如：加工细长轴时，采用跟刀架，以提高切削时的刚度。

③采用合理的装夹方法，在夹具设计或工件装夹时，必须尽量减少弯曲力矩。

④采用补偿或转移变形的方法。例如：镗孔时镗杆与主轴采用浮动连接，使用镗模将机床误差转移到新位置上加以控制。

2. 减少和消除内应力的措施

①合理设计零件结构。例如：设计零件时尽量简化零件结构，减小壁厚差，提高零件刚度等。

②合理安排工艺过程。例如：粗精加工分开，使粗加工后有充足的时间让内应力重新分布，保证零件充分变形，再经精加工后，就可减少变形误差。

③对工件进行热处理和时效处理。

3. 减少工艺系统受热变形的措施

①机床结构设计采用对称式结构。

②采用切削液进行冷却。

③加工前先让机床空转一段时间，使之达到热平衡状态后再加工。

④改变刀具和切削参数。

四、表面质量

表面质量与机械加工精度一样，是衡量零件加工质量的一个重要指标。

表面质量是指零件加工后的表层状态。经过机械加工的零件表面总是存在一定程度的微观不平、冷作硬化、残余应力、金相组织变化等，虽然只产生在很薄的表面层，但对零件的使用性能的影响还是很大的。

（一）基本概念

表面质量包括以下几个方面：

1. 表面粗糙度

是指加工表面的微观几何形状误差。

2. 表面波纹度

是指零件表面周期性的几何形状误差。

3. 表面层冷作硬化

是指在机械加工过程中，因塑形变形而引起的表面层金属硬度提高的现象。

4. 表面层金相组织变化

是指在机械加工过程中，由于切削热的作用而引起的表面层金属金相组织发生变化。

5. 表面层残余应力

是指在机械加工过程中，因塑形变形和金相组织的可能变化而产生的内应力。

（二）表面质量对零件使用性能的影响

1. 表面质量对耐磨性的影响

（1）表面粗糙度对耐磨性的影响

零件的使用寿命常常是由耐磨性决定的。零件磨损一般可以分为三个阶段：初期磨损阶段、正常磨损阶段和剧烈磨损阶段。

表面粗糙度对零件表面磨损的影响很大。一般来说表面粗糙度值越小，其耐磨性越好。但表面粗糙度值太小，润滑油不易储存，接触面之间容易发生分子黏结，磨损反而增加。表面粗糙度值与零件的工作情况也有关，工作载荷加大时，初期磨损量增大，表面粗糙度值也加大。

（2）表面冷作硬化对耐磨性的影响

加工表面的冷作硬化使摩擦副表面层金属的显微硬度提高，所以一般可使耐磨性提高。但也不是冷作硬化程度越高，耐磨性就越好，因为过分的冷作硬化会引起金属组织过度疏松，甚至出现裂纹和表层金属的剥落，使耐磨性下降。

2. 表面质量对疲劳强度的影响

金属受交变载荷作用后产生的疲劳破坏往往发生在零件表面和表面冷硬层下面，因此零件的表面质量对疲劳强度影响很大。

（1）表面粗糙度对疲劳强度的影响

在交变载荷作用下，表面上微观不平的凹谷处容易形成应力集中，产生和加剧疲劳裂纹从而导致疲劳损坏。表面粗糙度值越大，表面的纹痕越深，纹底半径越小，抗疲劳破坏的能力就越差。

(2)残余应力、冷作硬化对疲劳强度的影响

残余应力对零件疲劳强度的影响很大。表面层残余拉应力将使疲劳裂纹扩大,加速疲劳破坏,而表面层残余应力能够阻止疲劳裂纹的扩展,延缓疲劳破坏的产生。

零件表面的冷硬层,有助于提高疲劳强度,因为强化过的表面冷硬层具有阻碍裂纹继续扩大和新裂纹产生的能力。

3. 表面质量对配合质量的影响

表面粗糙度值的大小将影响配合表面的配合质量。在间隙配合中,如果配合表面粗糙,则在初期磨损阶段迅速磨损,使配合间隙增大,改变了配合性质。在过盈配合中,如果配合表面粗糙,则装配后一部分表面凸峰被挤平,实际过盈量减少,降低了配合件之间的连接强度。

4. 表面质量对耐蚀性的影响

零件的耐蚀性在很大程度上取决于表面粗糙度。表面粗糙度值越大,则凹谷中聚集腐蚀性的物质就越多,渗透与腐蚀作用越强烈。所以,减小表面粗糙度,可以提高零件的耐蚀性。

(三)影响表面粗糙度的因素及改进措施

切削加工时,影响表面粗糙度的因素主要有以下几个方面:

1. 工件材料

加工塑形材料时,由于刀具对金属的挤压产生了塑形变形,刀具迫使切屑与工件分离的撕裂作用使表面粗糙度加大。工件材料的韧性越好,金属的塑形变形越大,加工表面就越粗糙。对于同种材料,其晶粒组织越大,加工表面粗糙度就越大。

加工脆性材料时,其切屑呈碎粒状,由于切屑的崩碎而在加工表面留下了许多麻点,从而使表面粗糙。

减小加工表面粗糙度的方法:在切削加工前对材料进行调质或正火处理,以获得均匀、细密的晶粒组织和较高的硬度。

2. 刀具几何参数

刀具相对于工件作进给运动时,会在加工表面留下切削层的残留面积,所以,刀具的主偏角、副偏角、刀尖圆弧半径等对零件表面粗糙度有直接影响。

减小加工表面粗糙度的方法:减小进给量、主偏角和副偏角,可以减小刀面间的摩擦;增大刀尖圆弧半径,可以减小残留面积的高度;适当增大前角和后角,可以减小切削时的塑形变形程度,抑制积屑瘤的产生。

3. 切削用量

进给量越大,残留面积高度越高,零件的表面越粗糙。在中速加工塑形材料时,容易产生积屑瘤,且塑形变形较大,加工后的零件表面粗糙度较大。

减小加工表面粗糙度的方法:减小进给量可以有效地减小表面粗糙度。切削速度通常采用低速或高速切削塑形材料,可以避免积屑瘤的产生,对减小表面粗糙度有积极的作用。

4. 切削液

切削液的冷却作用可以使切削温度降低,切削液的润滑作用可以使摩擦状况得到改善,从而使塑形变形程度下降,抑制积屑瘤的生长。所以,正确选用切削液对降低表面粗糙度有

很大的作用。

任务实施

填写质量评分表(见表 5－5－1)。

表 5－5－1　质量评分表

<table>
<tr><td colspan="2">班级：</td><td>姓名：</td><td colspan="2">学号：</td><td colspan="2">工种：</td></tr>
<tr><td colspan="2">项目序号：</td><td colspan="5">项目名称：</td></tr>
<tr><td>分类</td><td>序号</td><td>检测内容</td><td>配分</td><td>学生自测</td><td>教师检测</td><td>得分</td></tr>
<tr><td rowspan="3">工艺分析与程序编制</td><td>1</td><td>工艺与刀具卡片填写完整</td><td>10</td><td></td><td></td><td></td></tr>
<tr><td>2</td><td>程序编制正确、简洁</td><td>10</td><td></td><td></td><td></td></tr>
<tr><td>3</td><td>零件仿真模拟加工</td><td>10</td><td></td><td></td><td></td></tr>
<tr><td>评分教师</td><td></td><td>加工时间</td><td></td><td>总得分</td><td colspan="2"></td></tr>
<tr><td rowspan="10">加工操作</td><td>1</td><td>尺寸一：</td><td>8</td><td></td><td></td><td></td></tr>
<tr><td>2</td><td>尺寸二：</td><td>8</td><td></td><td></td><td></td></tr>
<tr><td>3</td><td>尺寸三：</td><td>8</td><td></td><td></td><td></td></tr>
<tr><td>4</td><td>尺寸四：</td><td>8</td><td></td><td></td><td></td></tr>
<tr><td>5</td><td>尺寸五：</td><td>8</td><td></td><td></td><td></td></tr>
<tr><td>6</td><td>表面粗糙度</td><td>8</td><td></td><td></td><td></td></tr>
<tr><td>7</td><td>零件加工完整性</td><td>7</td><td></td><td></td><td></td></tr>
<tr><td>8</td><td>工量具正确使用</td><td>5</td><td></td><td></td><td></td></tr>
<tr><td>9</td><td>设备正常操作、维护保养</td><td>5</td><td></td><td></td><td></td></tr>
<tr><td>10</td><td>文明生产和机床清洁</td><td>5</td><td></td><td></td><td></td></tr>
<tr><td>评分教师</td><td></td><td>加工时间</td><td></td><td>总得分</td><td colspan="2"></td></tr>
</table>

实训时间：________________

上海市工业技术学校

技能训练

完成实训自我小结表(见附件 A)。

项目六 车削轴类综合零件

任务一　分析轴类综合零件车削加工工艺

任务目标

轴类零件数控车削加工工艺分析

1. 掌握轴类零件的数控车削加工工艺分析的方法。
2. 能合理制订轴类综合零件数控车削加工工艺卡片。
3. 激发学生的主观能动性,培养学生善于思考的能力。

任务描述

在数控程序编制前,都需要对零件进行工艺分析,工艺分析的合理与否直接影响到零件的正确加工。

本任务是对零件(见图6－1－1)进行工艺分析并能制订出合理的工艺卡片。

光轴加工→台阶轴→螺纹→轴类综合→工艺分析。

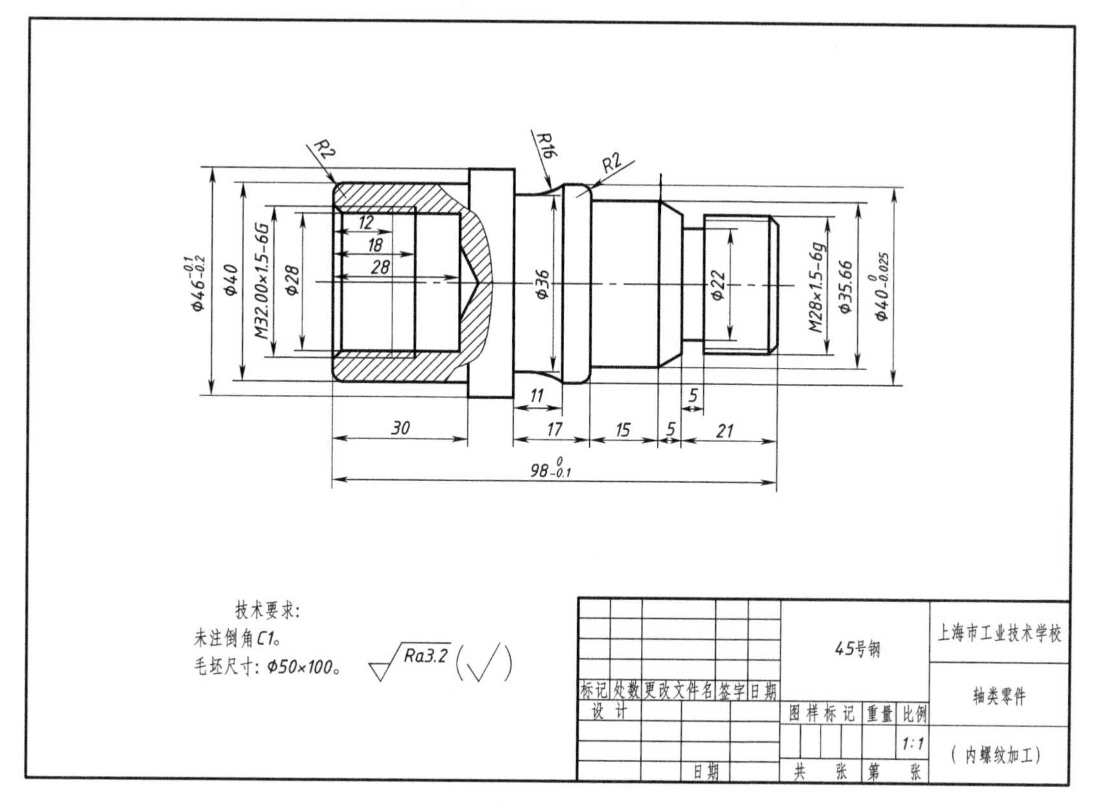

图 6－1－1　零件图

相关知识

1. 零件的结构、技术要求分析

对零件图进行分析后，可以看出该零件为轴类零件，两端需要分别进行加工。毛坯材料为 45 号钢，毛坯尺寸为 $\phi 50 \times 100$ mm，车间现有车床能满足加工需求。

该零件由外圆轮廓、螺纹、凹槽等组成，其中外圆尺寸（$\phi 46^{-0.1}_{-0.2}$、$\phi 40^{0}_{-0.025}$）、内螺纹尺寸（M32.00 ×1.5 － 6G）和长度尺寸（$98^{0}_{-0.1}$）mm 有公差要求，需要加工到公差范围。螺纹尺寸需要做到满足“通规进，止规不进”的原则。

根据粗糙度要求分析，该零件无须磨削加工。

2. 切削工艺分析

①装夹夹具：车床三爪自定心卡盘。

②加工方案的选择：轴类零件需要掉头（两次）装夹，每次装夹完成零件的粗、精加工。

③确定加工顺序：采用先粗后精的加工原则，粗加工留 0.5 mm 余量，然后检测零件的几何尺寸，根据检测结果决定刀具的磨耗修正量，再分别对零件进行精加工。

④确定走刀路线。

⑤刀具的选择：根据工件材料进行选择。

⑥切削用量的选择：根据工件材料、工艺要求进行选择。

任务实施

填写数控加工工艺卡片(见表6-1-1)和数控刀具卡片(见表6-1-2)。

表6-1-1　数控加工工艺卡片

数控加工工序卡片(轴类零件)					零件图号		材料
							45号钢
工序号	01	夹具名称		夹具规格	使用设备		
					西门子/法那克数控车床		
工步号	工步内容	刀具号	刀具规格	主轴转速(r/min)	进给量(mm/r)	背吃刀量(mm)	备注
1	调整液压卡爪行程到能夹持$\phi50$外圆,夹紧力适中。夹持$\phi50$外圆,伸出长度大于60 mm,平端面,车削$\phi49\times60$ mm外圆,用作夹持基准	1	93°偏刀	$S=700$	$f=0.15$	$a_p=0.5$	
2	调头夹持$\phi49$外圆,伸出长度大于50 mm,平端面,总长放余量0.5 mm,粗加工加工左端$\phi40$外圆、$\phi46$外圆,余量放0.5 mm	1	93°偏刀	$S=700$	$f=0.15$	$a_p=1$	
	精加工加工左端$\phi40$外圆、$\phi46$外圆,保证$\phi46_{-0.2}^{-0.1}$尺寸精和表面粗糙度,倒角$C2$。	1	93°偏刀	$S=1000$	$f=0.10$	$a_p=0.5$	
3	调整卡爪行程到能夹持$\phi40$外圆,夹紧力适中,用铜皮包住,防止夹伤,校正工件外圆跳动,保证同轴度,平端面,保证总长$98_{-0.1}^{0}$尺寸	1	93°偏刀	$S=700$	$f=0.15$	$a_p=0.3$	
	粗车右端$\phi40$外圆、$\phi33.66$外圆、$\phi28$外圆,余量放0.5 mm	1	93°偏刀	$S=700$	$f=0.15$	$a_p=1$	
	精车右端$\phi40$外圆、$\phi33.66$外圆、$\phi28$外圆,保证$\phi40_{-0.025}^{0}$精度及表面粗糙度,倒角$C2$	1	93°偏刀	$S=1000$	$f=0.10$	$a_p=0.5$	
4	粗车M30×1.5细牙螺纹,余量放0.1 mm	2	60°螺纹刀	$S=500$			螺纹环规检测
	精车M30×1.5螺纹,保证螺纹精度	2	60°螺纹刀	$S=500$			
5	调整卡爪行程到能夹持$\phi33.66$外圆,夹紧力适中,用铜皮包住,防止夹伤,校正工件外圆跳动,保证同轴度,粗镗左端内孔,余量放0.5 mm	3	55°内孔镗刀	$S=600$	$f=0.12$	$a_p=0.5$	
	精镗右端内孔$\phi28$内孔、$\phi29.8$内孔,保证$\phi29.8_{0}^{+0.033}$精度及表面粗糙度,倒角$C2$	3	55°内孔镗刀	$S=900$	$f=0.12$	$a_p=0.5$	
6	拆卸工件,去毛刺,检测						
编制		审核		批准	××年××月××日	共1页	第1页

表 6－1－2　数控刀具卡片

序　号	刀具号	刀具名称	刀片/刀具规格	刀尖圆弧	刀具材料	备注
1	T01	外径车刀	35°V 形刀片/20 mm×20 mm	$R=0.4$	硬质合金	
2	T02	切槽刀	槽宽 5 mm	$R=0$	硬质合金	
3	T03	外螺纹车刀	60°三角刀片	$R=0$	硬质合金	
4	T04	内孔镗刀	55°V 形刀片	$R=0.4$	硬质合金	

完成实训自我小结表(见附件 A)。

任务二　对刀及设置参数

任务目标

1. 掌握数控车床刀具安装的方法。
2. 能正确设置车床刀具偏置参数。
3. 培养学生积极动手的能力和独立思考的能力。

任务描述

本任务是熟练使用数控车床,并能进行轴类综合零件的多把刀具的安装及参数设置,重点掌握对刀参数设置的方法,为加工出符合图纸要求的合格零件做准备。

单把刀具的安装及对刀方法→多把刀具的安装及对刀方法。

相关知识

略(参考项目二任务二)。

任务实施

一、加工准备

①阅读零件图,并按图纸要求检查坯料的尺寸($\phi50\times160$ mm)。
②开机,机床回参考点。
③在手动方式下快速移动刀架,当刀架上的刀具即将要接近工件时,采用手轮方式移动

刀架，直至接近工件。

④安装夹紧工件。先将毛坯安装在三爪卡盘上，校正夹紧，工件悬伸出足够的长度。

⑤安装刀具。

a. 将刀尖角为35°的外圆车刀牢固地夹紧在方刀架1号位上，主偏角取91°~93°。安装刀具时要保证刀具悬伸长度满足零件的厚度，并考虑刀具的刚性。

b. 将槽宽4 mm的切槽刀安装在刀架2号位，保证刀杆轴线与主轴回转轴线垂直。

c. 将60°外螺纹车刀安装在刀架3号位，保证刀杆轴线与主轴回转轴线垂直。

d. 将内孔镗刀安装在刀架4号位，保证刀具刚性和伸出刀架长度适中。

二、对刀，正确输入偏置数据

1. 外圆刀对刀

(1) *X*向对刀

本任务选择刀具试切法对毛坯的*X*向进行外圆车削的对刀操作，测量得到*X*值，将“*X*直径值”数据输入到工具偏置形状*X*中，然后按下“刀具测量”“测量”键，完成*X*向对刀。

(2) *Z*向对刀

用刀具试切毛坯端面，得到*Z*零偏值，将“*Z*0”输入到工具偏置形状*Z*中，然后按下“刀具测量”“测量”键，完成*Z*向对刀。

2. 外螺纹对刀

(1) *X*向对刀

本任务选择刀具接触法对外圆刀试切好的圆柱表面*X*向进行外圆车削的对刀操作，当外螺纹刀接触到外圆表面时，即为外圆刀试切后的*X*值，将此数据通过“刀具测量”“测量”键输入到工具偏置形状*X*中。

(2) *Z*向对刀

用目测法对刀，移动刀具，将螺纹刀刀位点与外圆端面平齐。

3. 外槽车刀对刀

(1) *Z*向对刀

接触法对刀，同螺纹刀。

(2) *Z*向对刀

接触法对刀，当刀具碰到工件端面时，输入“*Z*0”测量。

(3) 偏置中磨耗输入

将磨耗0.8 mm（粗加工）输入到工具补正磨耗中与其程序对应的地址符号*X*中。

4. 内孔镗刀

(1)“*Z*向”对刀

由于工件的长度方向已没有余量，所以*Z*向通过“接触法”对刀。启动车床主轴，通过手动方式，将刀具移动到合适位置，调整进给倍率，即将要接触到工件端面的时候，以“×10”的倍率（即1丝）进给，轻轻接触工件端面，直至有铁屑切出，这时，在“偏置”界面，“形状”选项中输入“*Z*0”，然后按下“刀具测量”“测量”键，完成*Z*向对刀。

(2)“*X*向”对刀

同理，将刀具移动到合适位置，调整进给倍率，即将要接触到工件内孔孔壁的时候，以

“×10”的倍率(即 1 丝)进给,直至有铁屑切出,然后,刀具退出工件。X 向进给 0.3 ~ 0.4 mm,试切工件内孔,然后,用内径千分尺测量内孔尺寸,在“偏置”界面,“形状”选项上输入“X 测量值”,然后按下“刀具测量”“测量”键,完成 X 向对刀。

预习编程指令。

任务三　编制轴类综合零件程序

任务目标

1. 掌握轴类综合零件的编程方法。
2. 能正确设置编程参数,编制轴类综合零件程序。
3. 培养学生独立思考的能力,增强工作责任意识。

任务描述

要加工出合格的零件,在制订合理的加工工艺的基础上,按照图纸及加工工艺编制数控程序就显得尤其重要。

本任务就是在充分掌握编程基本指令的基础上,严格按图纸及加工工艺正确地编出综合零件加工的程序,为在车床上加工出合格的零件打下基础。

编程指令 G 指令、M 指令。

相关知识

指令介绍

1. 内外圆粗、精车复合固定循环(G71、G70)

指令格式:

```
G71U (Δd)R (e);
G71P (ns)Q (nf)U (Δu)W(Δw)F (f)S (s)T(t);(粗车循环)
……
G70P (ns)Q (nf);(精车循环)
```

2. 仿形车复合固定循环(G73、G70)

指令格式:

```
G73U(Δi)W(Δk)R(d);
G73P(ns)Q(nf)U(Δu)W(Δw)F(f)S(s)T(t);
......
```

G70P(ns)Q(nf);(精车循环)

3. 螺纹切削复合循环 G76

指令格式：

G76 P(m)(r)(a) Q(Δd_{min}) R(d);

G76 X(u)_Z(w)_R(i) P(k) Q(Δd) F_;

任务实施

编制程序(参考程序见表 6-3-1～6-3-5)

表 6-3-1 参考程序(一)

O0001	左端外圆	W-11.;	
T0101;		N2G1X52.;	
M4S800;		G0Z50.;	
G0X52. Z5.;		M00;	
G71U1. R0.5;		T0101;	
G71P1Q2U0.5W0F0.2;		M4S1200;	
N1G0X36.;		G0X52. Z5.;	
G1Z0.;		G70P1Q2;	
G3X40. Z-2. R2.;		G00X80.;	
G1Z-30.;		Z100.;	
X45.9;		M30;	

表 6-3-2 参考程序(二)

O0002	左端内孔	Z-28.;	
T0202;		N2G1X19.;	
M4S800;		G0Z50.;	
G0X19. Z5.;		M00;	
G71U0.5R0.5;		T0202;	
G71P1Q2U-0.5W0F0.15;		M4S800;	
N1G0X31.8;		G0X19. Z5.;	
G1Z0.;		G70P12Q2;	
X29.8Z-2.;		G00X80.;	
Z-18.;		Z100.;	
X28.;		M30;	

表 6-3-3　参考程序(三)

O0003	右端外圆	X38.;	
T0101;		G3X40. W-2. R2.;	
M4S800;		G1W-4.;	
G0X52. Z5.;		G2X36. W-11. R16.;	
G73U13W0R13;		G1X48.;	
G73P1Q2U0.5W0F0.2;		N2G1X52.;	
N1G0X26.;		G0Z50.;	
G1Z0.;		M00;	
X27.985Z-2.;		T0101;	
Z-15.;		M4S1200;	
X26. W-1.;		G0X52. Z5.;	
W-5.;		G70P1Q2;	
X29.;		G0X80.;	
X35. W-5.;		Z100.;	
W-15.;		M30;	

表 6-3-4　参考程序(四)

O0004	右端切槽	X32.;	
T0303;		G00X80.;	
M04 S600;		Z100.;	
G00 X32. Z5.;		M05;	
Z-21.;		M30;	
G01X22. F0.8;			

表 6-3-5　参考程序(五)

O0005	右端螺纹	G76X26.05Z-18. P975Q400F1.5;	
T0404;		G0X52.;	
M4S800;		Z100.;	
G0X30. Z5.;		M05;	
G76P01060Q50R0.05;		M30;	

完成实训自我小结表(见附件 A)。

任务四 仿真加工轴类综合零件

任务目标

1. 掌握轴类综合零件的仿真操作方法。
2. 能在宇龙软件上仿真加工合格零件。
3. 养学生独立思考的能力,增强工作责任意识。

任务描述

本任务就是按照图纸及加工工艺正确地编写零件的加工程序,并在仿真软件上验证该程序。

复习导入

零件加工工艺分析→零件编程→?

相关知识

略(参考项目六任务三)。

任务实施

FANUC 0i机床仿真操作步骤

1. 激活机床

单击“启动”按钮,打开 FANUC 0i 机床,松开“急停”按钮。

2. 机床回参考点

按下“回参考点”键,然后按“+X”“+Z”键,屏幕出现如图6-4-1所示图框,表示已回零。

3. 选择零件(见图6-4-2)

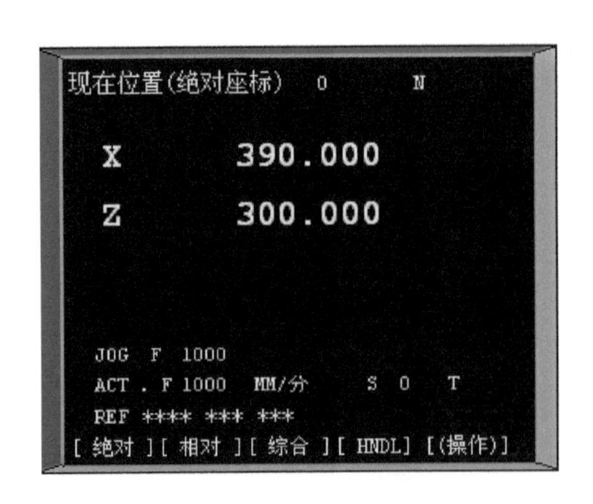

图6-4-1 表示回零图框

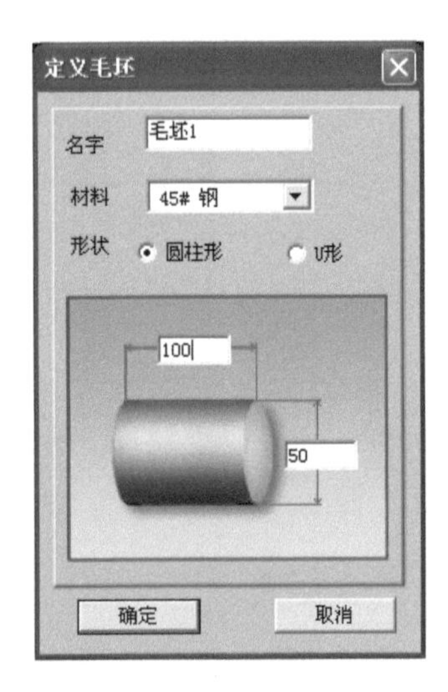

图6-4-2 选择零件

4. 选择刀具(图 6－4－3)

单击菜单“机床”→“刀具选择”命令,根据加工方式选择所需刀片和刀柄,然后确认退出。

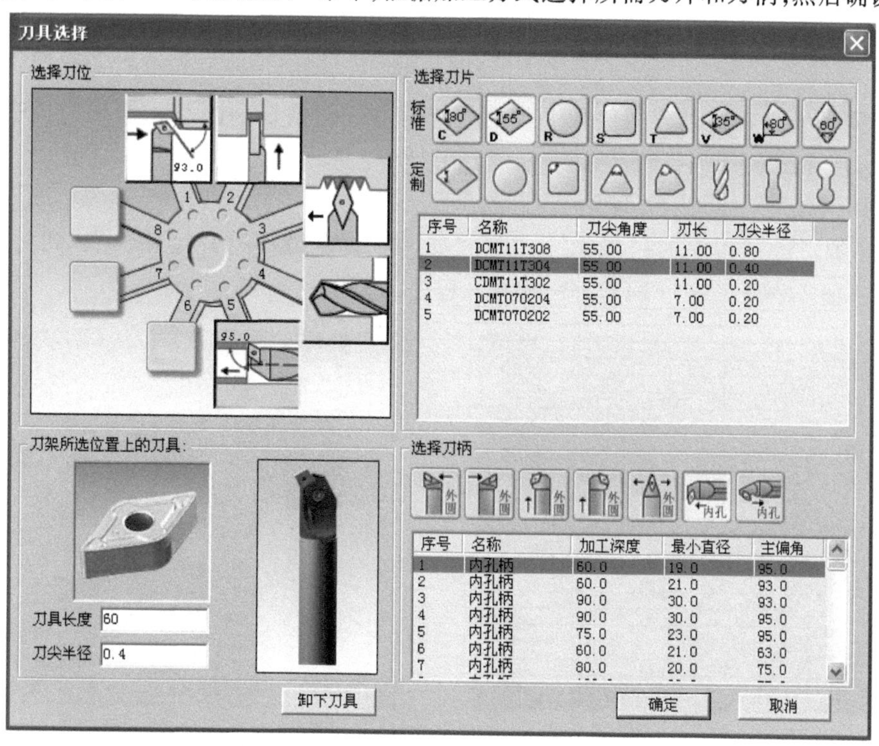

(a)

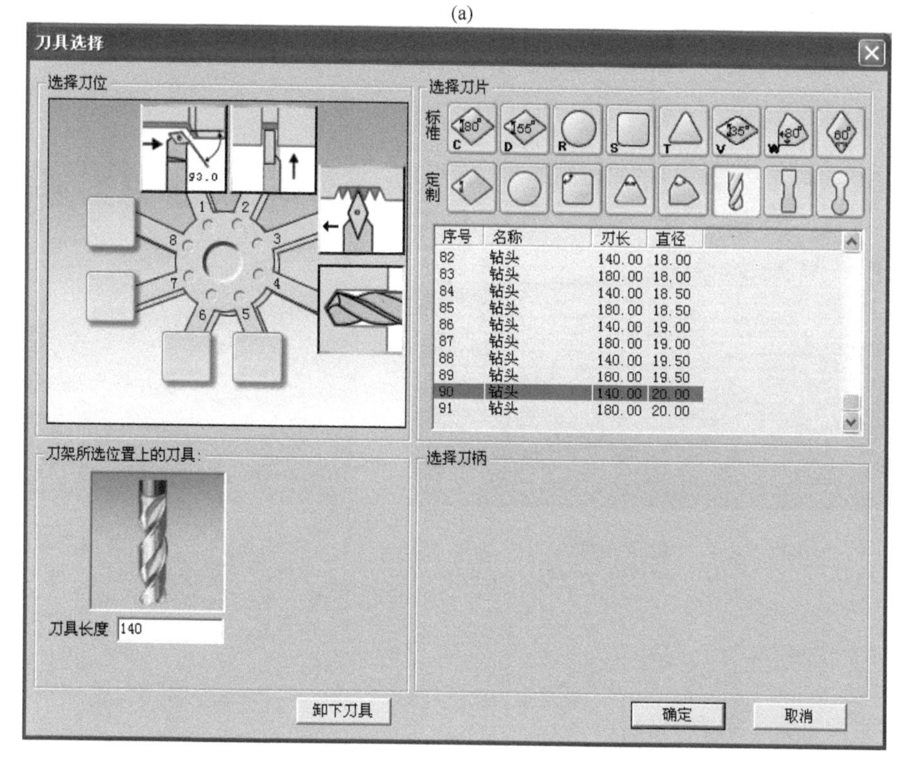

(b)

图 6－4－3　选择刀具

5. 手动对刀，设置参数

①在手动状态下，按下“主轴反转”键，使主轴转动起来。

②刀具进行试切：钻头轴心线和工件中心线对齐，Z 轴通过接触法进行对刀，调节手轮控制进给。

③分别记下 X 测量的直径值和 Z 端面测量值，按下“偏置”补偿键，选择“形状”，然后进行设置，出现如图 6-4-4 所示图框。

6. 导入程序

选择“编辑”→“程序”→“操作”→“下一页（黑三角形）”→“F 检索”→找到所需程序→“READ”→输入程序名→“EXEC”命令，导入程序，如图 6-4-5 所示。

工具补正　　O0004　N 0004

番号	X	Z	R	T
01	169.307	118.564	0.400	3
02	169.993	118.027	0.000	0
03	169.993	105.510	0.000	0
04	0.000	248.020	0.000	0
05	1.161	160.468	0.000	0
06	0.000	0.000	0.000	0
07	0.000	0.000	0.000	0
08	0.000	0.000	0.000	0

现在位置（相对座标）

U 25.000　W 160.468

>　S 0　5

HNDL **** *** ***

[NO检索] [测量] [C.输入] [+输入] [输入]

图 6-4-4　工具补正图框

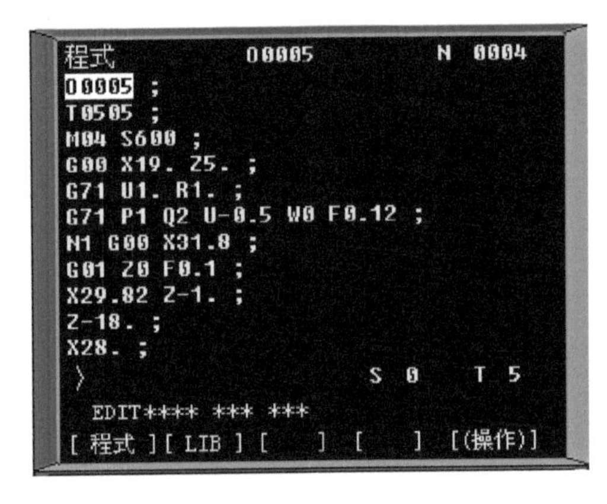

图 6-4-5　导入程序

7. 图形模拟（见图 6-4-6）

8. 自动运行，仿真加工零件（见图 6-4-7）

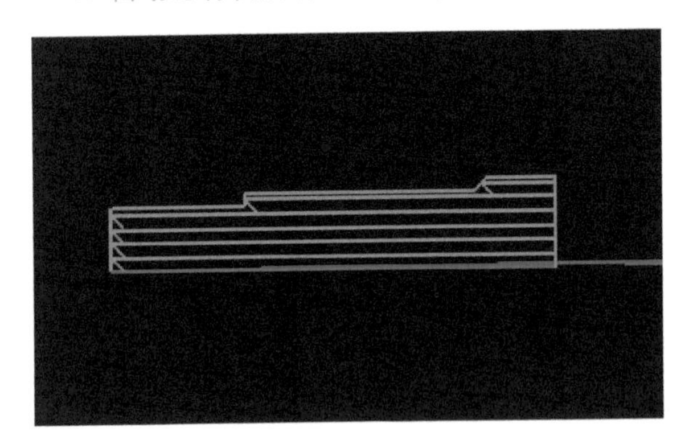

图 6-4-6　图形模拟

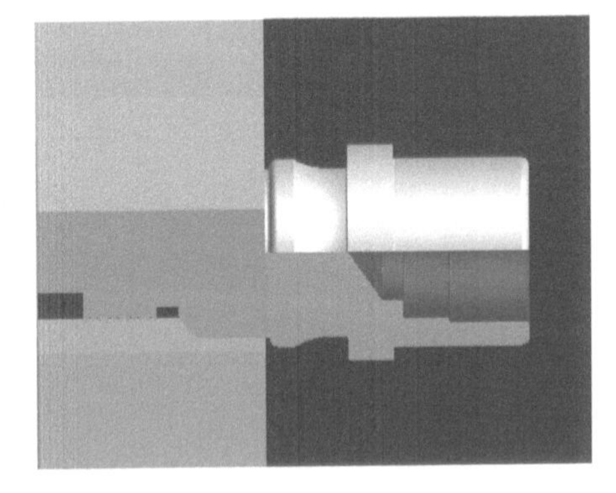

图 6-4-7　仿真加工零件

技能训练

完成实训自我小结表（见附件 A）。

任务五　车削轴类综合零件

任务目标

1. 掌握轴类综合零件的车削方法。
2. 能通过修改参数保证零件尺寸精度。
3. 培养学生积极动手的能力，增强学生岗位责任意识。

任务描述

本任务是车削轴类综合零件（见图 6－5－1），通过修改参数来确保零件尺寸精度，并能借助量具分析零件的加工质量，同时完成一份实习报告。

零件编程正确后如何完成零件车削？

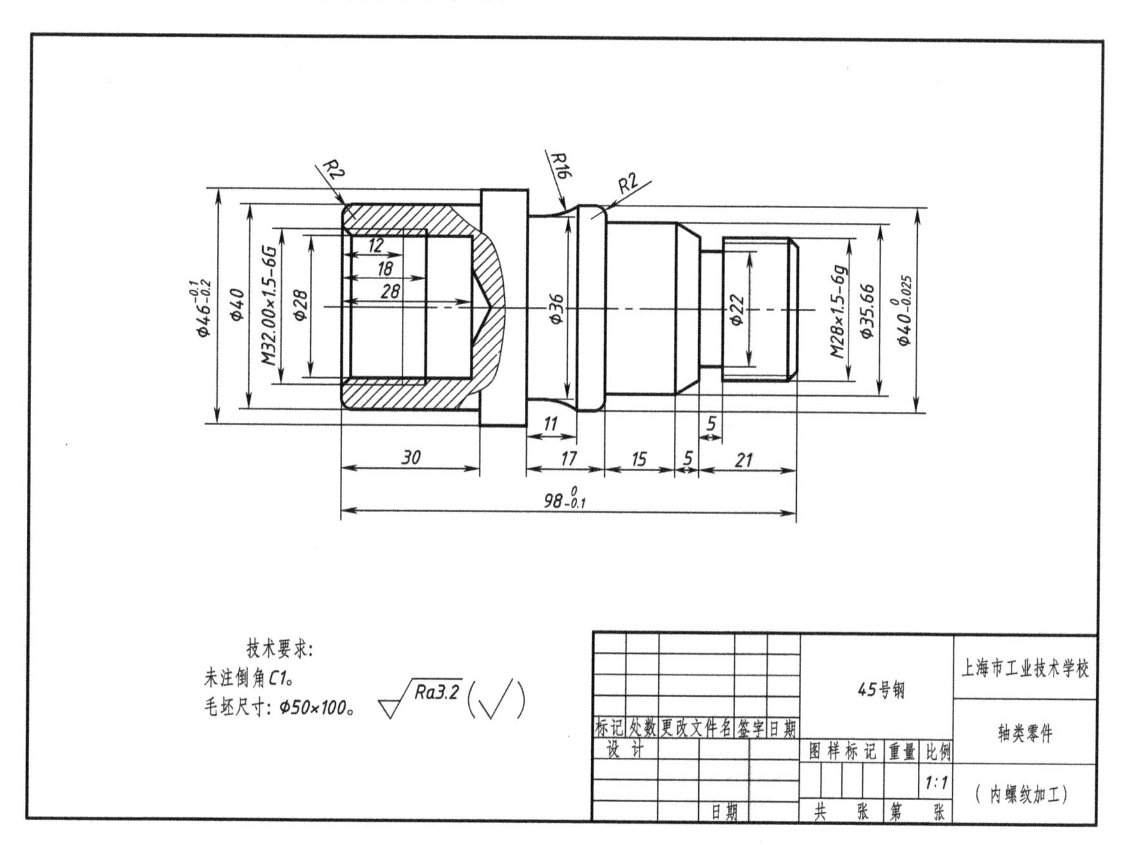

图 6－5－1　零件图

相关知识

略(参考项目六任务四)。

任务实施

一、零件加工

1. 加工准备

①阅读零件图,并按图纸要求检查坯料的尺寸。

②选择 FANUC 0i 机床,开机,机床回参考点。

③输入程序并校验该程序。

④安装工件。

先将机床三爪卡盘松开,根据图纸要求安放工件,并夹持有效长度后校正夹紧。

⑤准备刀具。

将刀尖角 35°外圆车刀,60°外螺纹车刀、切槽刀、55°镗孔刀分别安放在刀架上,注意安放时的刀位号必须与程序的刀具号对应,否则会发生刀具干涉,一般以外圆车刀为 1 号刀。安装刀具时要保证刀具悬伸长度,并注意刀具体轴心线与工件轴线之间的夹角,同时考虑刀具的刚性。

2. 对刀,正确输入刀具形状补偿值和刀具磨耗补偿值

(1)Z 向对刀

选择 1 号刀具采用试切法对毛坯的 Z 向进行对刀操作(即平端面),在 1 号偏置形状中输入“$Z0$”,然后按下“刀具测量”“测量”键,完成 Z 向对刀。

(2)X 向对刀

用 1 号刀具试切法去除毛坯表面上的氧化层。测得 X 值,并在 1 号偏置形状中输入“该值”,同时按下“刀具测量”“测量”键,完成 X 向对刀。

其余刀具同理。

(3)刀具磨耗补偿值输入

将精加工余量 0.5 mm 输入到相对应的偏置磨耗中。

3. 程序校验

①锁住机床,将加工程序输入数控系统,在“图形模拟”功能下,实现图形轨迹的校验。

②回零操作。

4. 加工工件

校验正确,调慢进给速度,按下“启动”键。机床加工时适当调整主轴转速和进给速度,保证加工正常。

5. 尺寸测量

程序执行完毕后,用游标卡尺和千分尺测量轮廓尺寸和长度尺寸,止通规检测螺纹精度,根据测量结果,修改相应刀具补偿值的数据,重新执行程序,精加工工件,直到加工出合

格产品。

6. 结束加工

松开夹具，卸下工件，清理机床。

二、完成质量评分表(见表6-5-1)

表6-5-1　质量评分表

班级：		姓名：		学号：		工种：	
项目序号：			项目名称：				
分类	序号	检测内容		配分	学生自测	教师检测	得分
工艺分析与程序编制	1	工艺与刀具卡片填写完整		10			
	2	程序编制正确、简洁		10			
	3	零件仿真模拟加工		10			
评分教师		加工时间			总得分		
加工操作	1	尺寸一：		8			
	2	尺寸二：		8			
	3	尺寸三：		8			
	4	尺寸四：		8			
	5	尺寸五：		8			
	6	表面粗糙度		8			
	7	零件加工完整性		7			
	8	工量具正确使用		5			
	9	设备正常操作、维护保养		5			
	10	文明生产和机床清洁		5			
评分教师		加工时间			总得分		

实训时间：________________

上海市工业技术学校

完成实训自我小结表(见附件A)。

任务拓展

完成如图 6－5－2 所示零件的加工。

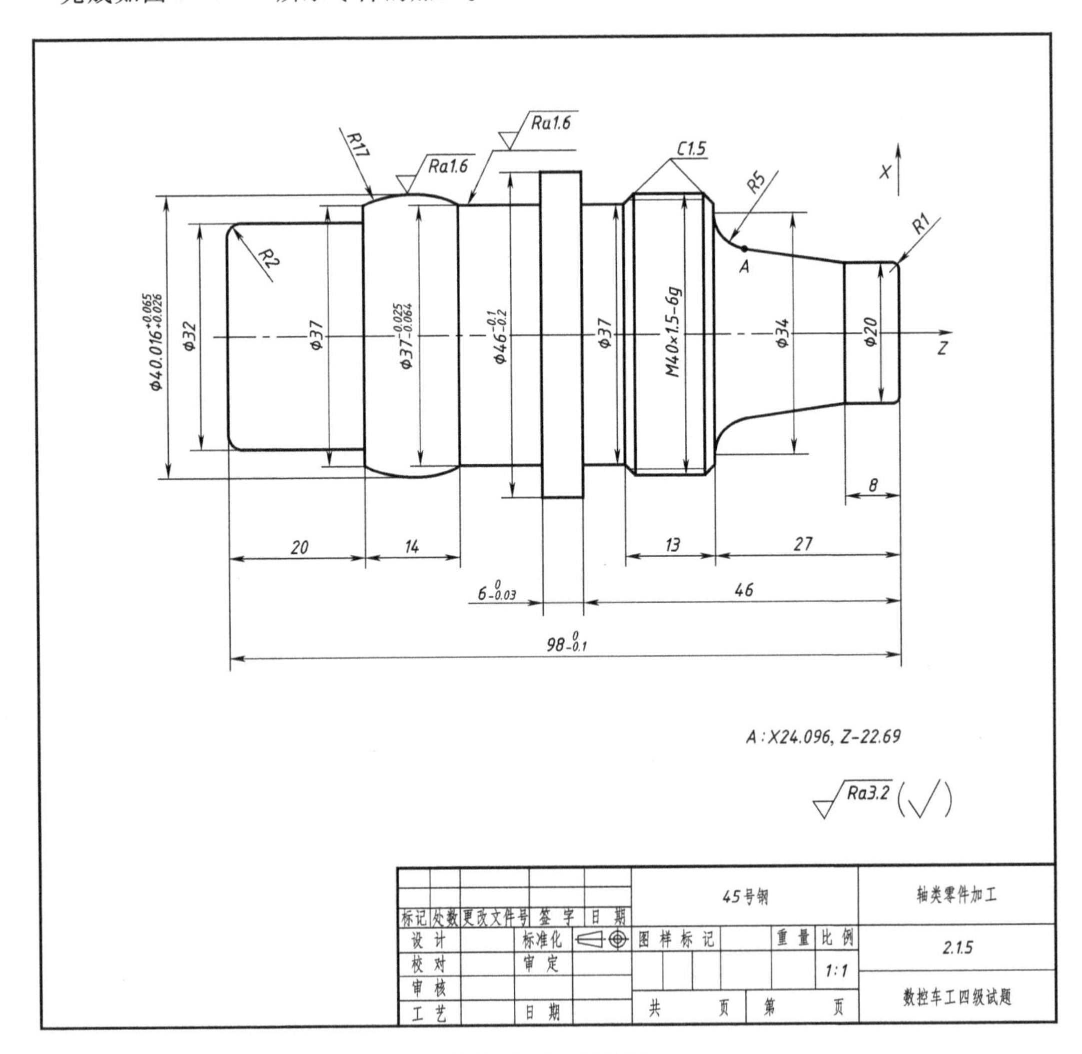

图 6－5－2　零件图

车削盘类综合零件

任务一　分析盘类综合零件车削加工工艺

任务目标

盘类零件数控车削加工工艺分析

1. 掌握盘类零件的数控车削加工工艺分析的方法。
2. 能合理制订盘类综合零件数控车削加工工艺卡片。
3. 激发学生的主观能动性,培养学生善于思考的能力。

任务描述

本任务就是以零件图(见图 7－1－1)为基础,对零件的结构、技术要求、基点坐标的计算、切削加工工艺、加工顺序,走刀路线以及刀具与切削用量等进行全面、详细的分析,为后面的编程及加工活动做准备。

光轴加工→台阶轴→螺纹→轴类综合零件→盘类综合零件→工艺分析。

相关知识

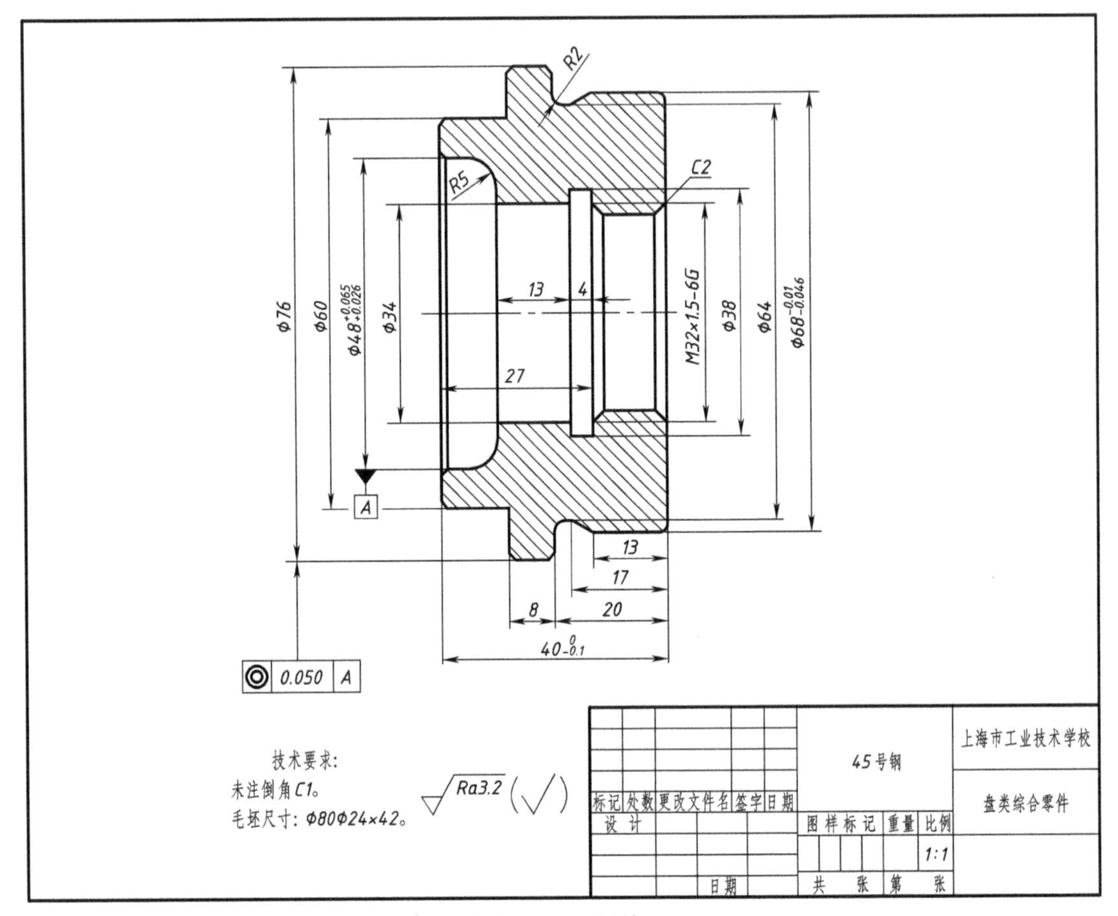

图 7-1-1　零件图

1. 零件的结构、技术要求分析

经过对图纸的分析可以看出，本零件为盘类零件，内、外轮廓需要分别加工。毛坯材料为45号钢，毛坯尺寸为 $\phi80 \times \phi25 \times 42$ mm，车间现有机床能满足加工需求，根据粗糙度要求分析零件无须磨削加工。零件由外圆轮廓、凹槽、内孔和螺纹组成。其中外圆尺寸 $\phi68^{-0.01}_{-0.046}$、$\phi48^{+0.065}_{+0.026}$、长度尺寸 $40^{\ 0}_{-0.1}$ 有公差要求，需要加工到公差范围，螺纹尺寸需要做到满足“通规进，止规不进”的原则。

2. 切削工艺分析

①装夹工具：车床三爪自定心卡盘。

②加工方案的选择：零件需要掉头（两次）装夹，每次装夹完成零件的粗、精加工。

3. 确定加工顺序，即走刀路线

①加工零件左端：夹住 $\phi80$ 毛坯外圆，伸出长度25 mm左右，车削零件左端，加工外圆轮廓及内孔轮廓。

②加工零件右端：零件调头，夹住 $\phi60$ 外圆，校正夹紧，加工右端内、外圆轮廓及螺纹。

③采用先粗后精的加工原则，粗加工留0.5 mm余量，然后检测零件的几何尺寸，根据检

测结果决定 X 向的刀具磨耗修正量，再分别对零件的内、外轮廓进行精加工。

4. 刀具与切削用量选择

①刀具选择：材料为硬质合金的35°外圆车刀及55°内孔车刀、4 mm 内槽车刀，60°内螺纹车刀。

②切削用量选择：加工外圆时主轴转速粗加工时取 $S=700$ r/min，精加工时取 $S=900$ r/min，进给量轮廓粗加工时取 $f=0.15$ mm/min，轮廓精加工时取 $f=0.1$ mm/min；加工内孔时主轴转速粗加工时取 $S=600$ r/min，精加工时取 $S=800$ r/min，进给量轮廓粗加工时取 $f=0.1$ mm/min，轮廓精加工时取 $f=0.08$ mm/min，切槽时 $S=500$ r/min，加工螺纹是 $S=400$ r/min。

任务实施

1. 编写加工工序卡片（参考表7-1-1）

表7-1-1　加工工序卡片

数控加工工序卡片（盘类零件）					零件图号	材　料	
						45号钢	
工序号	01	夹具名称	夹具规格		使用设备		
					西门子/法那克数控车床		
工步号	工步内容	刀具号	刀具规格	主轴转速（r/min）	进给量（mm/r）	背吃刀量（mm）	备注
1	调整液压卡爪行程到能夹持 $\phi80$ 外圆，夹紧力适中。夹持 $\phi80$ 外圆，伸出长度大于60 mm，平端面，车削 $\phi80\times42$ mm 外圆，用作夹持基准	1	93°偏刀	$S=700$	$f=0.15$	$a_p=0.5$	
2	调头夹持 $\phi79$ 外圆，伸出长度大于25 mm，平端面，总长放余量0.5 mm，粗加工加工左端 $\phi60$ 外圆，余量放0.5 mm	1	93°偏刀	$S=700$	$f=0.15$	$a_p=1$	
	精加工左端外圆，保证尺寸精度及圆锥锥度和表面粗糙度，倒角 $C1$	1	93°偏刀	$S=900$	$f=0.1$	$a_p=0.5$	
3	粗加工左端 $\phi50$、$\phi40$ 内孔，余量放0.5 mm	2	55°镗刀	$S=600$	$f=0.1$	$a_p=0.8$	
	精车左端内孔，保证尺寸 $\phi48^{+0.065}_{+0.026}$	2	55°镗刀	$S=850$	$f=0.08$	$a_p=0.3$	
4	加工左端内沟槽，保证槽宽和深度	3	5 mm 内槽刀	$S=500$	$f=0.08$	$a_p=2$	
5	调头夹持 $\phi60$ 外圆，控制总长 $40^{0}_{-0.1}$，粗加工右端 $\phi64$ 外圆，余量放0.5 mm	1	93°偏刀	$S=800$	$f=0.14$	$a_p=0.5$	
	精车右端外圆，保证尺寸 $\phi66^{-0.01}_{-0.046}$	1	93°偏刀	$S=900$	$f=0.1$	$a_p=0.5$	
6	粗加工右端 $\phi30.35$ 内孔，余量放0.5 mm	2	55°镗刀	$S=600$	$f=0.1$	$a_p=0.8$	
	精车右端内孔，保证尺寸	2	55°镗刀	$S=850$	$f=0.08$	$a_p=0.3$	
7	加工右端内螺纹，止通规检验	4	60°内螺纹刀	$S=500$			

续表

工步号	工步内容	刀具号	刀具规格	主轴转速（r/min）	进给量（mm/r）	背吃刀量（mm）	备注
8	去毛刺，检验，入库						
					.	.	
编制	审核	批准		××年××月××日		共1页	第1页

2. 编写数控刀具卡片（见表7－1－2）

表7－1－2　数控刀具卡片

序号	刀具号	刀具名称	刀片/刀具规格	刀尖圆弧	刀具材料	备注
1	T01	外径车刀	35°V形刀片/20×20mm	$R=0.4$	硬质合金	
2	T02	内切槽刀	槽宽5 mm	$R=0$	硬质合金	
3	T03	内孔镗刀	55°V形刀片	$R=0.4$	硬质合金	
4	T04	内螺纹车刀	60°	$R=0$	硬质合金	
编制	审核	批准		年　月　日	共1页	第1页

技能训练

完成实训自我小结表（见附件A）。

任务二　对刀及设置参数

任务目标

1. 掌握数控车床对刀的方法。
2. 能正确设置车床刀具偏置参数。
3. 培养学生积极动手的能力和独立思考的能力。

任务描述

本任务是熟练使用数控车床，并能进行盘类综合零件的多把刀具的安装及参数设置，重点掌握对刀参数设置的方法，为加工出符合图纸要求的合格零件做准备。

复习导入

单把刀具的安装及对刀方法→多把刀具的安装及对刀方法。

相关知识

略(参考项目二任务二)。

任务实施

一、加工准备

①阅读零件图,并按图纸要求检查坯料的尺寸(ϕ50×160 mm)。

②开机,机床回参考点。

③在手动方式快速移动刀架,当刀架上的刀具将要接近工件时,采用手轮方式移动刀架,直至接近工件。

④安装夹紧工件。

先将毛坯安装在三爪自定心卡盘上,校正夹紧,工件悬伸出足够的长度。

⑤刀具安装。

a. 将刀尖角为35°的外圆车刀牢固的夹紧在方刀架1号位上,主偏角取91°~93°。安装刀具时要保证刀具悬伸长度满足零件的厚度要求,并考虑刀具的刚性。

b. 将内孔镗刀安装在刀架2号位,保证刀具刚性和伸出刀架长度适中。

c. 将内槽车刀安装在3号位,保证刀具刚性和伸出刀架长度适中。

d. 将60°内螺纹车刀安装在刀架4号位,保证刀具刚性且刀杆轴线与主轴回转轴线平行。

二、对刀,正确输入偏置数据

1. 外圆刀对刀

(1)*X*向对刀

本任务选择刀具试切法对毛坯的*X*向进行外圆车削的对刀操作,测量得到*X*值,将"*X*直径值"数据输入到工具偏置形状*X*中,然后按下"刀具测量""测量"键,完成*X*向对刀。

(2)*Z*向对刀

用刀具试切毛坯端面,得到*Z*零偏值,将"*Z*0"输入到工具偏置形状*Z*中,然后按下"刀具测量""测量"键,完成*Z*向对刀。

2. 内孔镗刀

(1)*Z*向对刀

由于工件的长度方向已没有余量,所以*Z*向通过"接触法"对刀。启动车床主轴,通过手动方式,将刀具移动到合适位置,调整进给倍率,即将要接触到工件端面的时候,以"×10"的倍率(即1丝)进给,轻轻接触工件端面,直至有铁屑切出,这时,在"偏置"界面,"形状"选项上输入"*Z*0",按下"刀具测量""测量"键,完成*Z*向对刀。

(2)*X*向对刀

同理,将刀具移动到合适位置,调整进给倍率,即将要接触到工件内孔孔壁的时候,以"×10"的倍率(即1丝)进给,直至有铁屑切出。然后,刀具退出工件,*X*向进给0.3~

0.4 mm,试切工件内孔。然后,用内径千分尺测量内孔尺寸,在“偏置”界面,“形状”选项上输入“*X* 测量值”,按下“刀具测量”“测量”键,完成 *X* 向对刀。

3. 内槽车刀对刀

(1)*X* 向对刀

本任务选择刀具接触法对内孔镗刀试切好的内孔表面 *X* 向的对刀操作,当内槽刀接触到内孔表面时,即为内槽刀试切后的 *X* 值,将此数据通过“刀具测量”“测量”键输入到工具偏置形状 *X* 中,完成 *X* 向对刀。

(2)*Z* 向对刀

用接触法对刀,移动刀具,当内槽车刀接触到外圆端面时。将“Z0”输入到偏置形状 *Z* 中,完成 *Z* 向对刀。

4. 内孔螺纹对刀

(1)*X* 向对刀

本任务选择刀具接触法对内孔镗刀试切好的内孔表面 *X* 向的对刀操作,当内孔螺纹刀接触到内孔表面时,即为内孔螺纹刀试切后的 *X* 值,将此数据通过“刀具测量”“测量”键输入到工具偏置形状 *X* 中,完成 *X* 向对刀。

(2)*Z* 向对刀

用目测法对刀,移动刀具,将螺纹刀刀位点与内孔或外圆端面平齐。将“Z0”输入到工具偏置形状 *Z* 中,完成 *Z* 向对刀。

技能训练

完成实训自我小结表(见附件 A)。

任务三　编制盘类综合零件程序

任务目标

1. 掌握盘类综合零件的编程方法。
2. 能正确编制盘类综合零件程序。
3. 培养学生独立思考的能力,增强工作责任意识。

任务描述

要加工出合格的零件,在制订合理的加工工艺的基础上,按照图纸及加工工艺编制数控程序就显得尤其重要。

本任务就是在充分掌握编程基本指令的基础上,严格按图纸及加工工艺正确地编出综合零件(中级工)加工的程序,为在机床上加工出合格的零件打下基础。

复习导入

编程指令 G 指令、M 指令。

相关知识

指令介绍

1. 内、外圆粗、精车复合固定循环(G71、G70)

指令格式：

```
G71U (Δd)R (e);
G71P (ns)Q (nf)U (Δu)W(Δw)F (f)S (s)T(t);(粗车循环)
……
G70P (ns)Q (nf);(精车循环)
```

2. 仿形车复合固定循环(G73、G70)

指令格式：

```
G73U(Δi)W(Δk)R(d);
G73P(ns)Q(nf)U(Δu)W(Δw)F(f)S(s)T(t);
……
G70P(ns)Q(nf);(精车循环)
```

3. 螺纹切削复合循环 G76

指令格式：

```
G76 P(m)(r)(a) Q(Δdmin) R(d);
G76 X(u)_Z(w)_R(i) P(k) Q(Δd) F_;
```

任务实施

编制程序(参考程序见表 7-3-1 ~ 7-3-6)

表 7-3-1　参考程序(一)

O0001	加工左端外圆程序	X76.;	
T0101;	1 号刀具，刀具补偿号为 1	N20G01X82.;	
M4S700;	主轴反转，转速 700 r/min	T0101;	
G00X82. Z5.;	快速定位到 X82. Z5.	M4S900;	
G71U1. R0.5;	外圆粗车复合循环，每次切深 1 mm	G00G42X82. Z5.;	
G71P10Q20U0.5W0F0.15	X 方向留 0.5 mm 余量	G70P10Q20;	精车循环
N10G00X58.;	精车第一段程序，开始轮廓插补	G00X100.;	
G01Z0F0.1;		G40Z100.;	
X60. Z-1.;		M30;	
Z-12.;			

表 7－3－2　参考程序(二)

O0002	加工左端内孔程序	G01X34.；	
T0202；	2 号刀具,刀具补偿号为 2	Z－27.；	
M4S600；	主轴反转,转速 600 r/min	X30.35Z－29.；	
G00X24.Z5.；	快速定位到 X24.Z5.	N20G01X24.；	
G71U0.8R0.5；	内孔粗车复合循环,每次切深 0.8 mm	T0202；	
G71P10Q20U－0.5W0F0.15；	X 方向留 0.5 mm 余量	M4S900；	
N10G00X50.；	精车第一段程序,开始轮廓插补	G00G41X24.Z5.；	
G01Z0F0.1；		G70P10Q20；	精车循环
X48.Z－1.；		G40Z100.；	
Z－5.；		M30；	
G03X38.Z－10.R5.；			

表 7－3－3　参考程序(三)

O0003	加工零件左端内沟槽程序	G01X38.F0.08；	
T0303；	3 号刀具,刀具补偿号为 3	G01X32.；	
M4S500；	主轴反转,转速 600 r/min	G00Z100.；	
G00X32.Z5.；	快速定位到 X32.Z5.；	M30；	
Z－27.；			

表 7－3－4　参考程序(四)

O0004	加工右端外圆程序	G02X68.Z－20.R2.；	
T0101；	1 号刀具,刀具补偿号为 1	X74.；	
M4S700；	主轴反转,转速 700 r/min	X76.Z－21.；	
G00X82.Z5.；	快速定位到 X82.Z5.	N20G01X82.；	
G71U1.R0.5；	外圆粗车复合循环,每次切深 1 mm	T0101；	
G71P10Q20U0.5W0F0.15；	X 方向留 0.5 mm 余量	M4S900；	
N10G00X64.；	精车第一段程序,开始轮廓插补	G00G42X82.Z5.；	
G01Z0F0.1；		G70P10Q20；	精车循环
X66.Z－1.；		G00X100.；	
Z－13.；		G40Z100.；	
X64.Z－17.；		M30；	
Z－18.；			

表 7－3－5　参考程序(五)

O0005	加工右端内孔程序
T0202；	2 号刀具,刀具补偿号为 2
M4S600；	主轴反转,转速 600 r/min
G00X24.Z5.；	快速定位到 X24.Z5.
G71U0.8R0.5；	内孔粗车复合循环,每次切深 0.8 mm

续表

O0005	加工右端内孔程序
G71P10Q20U－0.5W0F0.15；	X方向留0.5 mm余量
N10G00X34.35；	精车第一段程序，开始轮廓插补
G01Z0F0.1；	
X30.35.Z－2.；	
Z－12.；	
N20G01X24.；	
T0202；	
M4S900；	
G00G41X24.Z5.；	
G70P10Q20；	精车循环
G40Z100.；	
M30；	

表7－3－6　参考程序(六)

O0006	加工右端螺纹程序
T0404；	4号刀具，刀具补偿号为4
M4S400；	主轴反转，转速600 r/min
G00X28.Z10.；	快速定位到X24.Z5.
G76P011060Q100R－0.1；	内孔粗车复合循环，每次切深0.8 mm
G76X32.4Z－12.P975Q400F1.5；	X方向留0.5 mm余量
G00Z100.；	
M30；	

技能训练

完成实训自我小结表(见附件A)。

任务四　仿真加工盘类综合零件

任务目标

1. 掌握盘类综合零件仿真操作的方法。
2. 能在宇龙软件上仿真加工合格零件。
3. 培养学生独立思考的能力，增强工作责任意识。

任务描述

本任务就是按照图纸及加工工艺正确地编写零件的加工程序，并在仿真软件上验证该程序，仿真加工出盘类综合零件。

复习导入

零件加工工艺分析→零件编程→?

相关知识

略(参考项目七任务三)。

任务实施

FANUC 0i 机床仿真操作步骤

1. 激活机床

打开数控仿真软件，选择 FANUC 0i 机床(见图 7－4－1)，单击“启动”按钮，松开“急停”按钮。

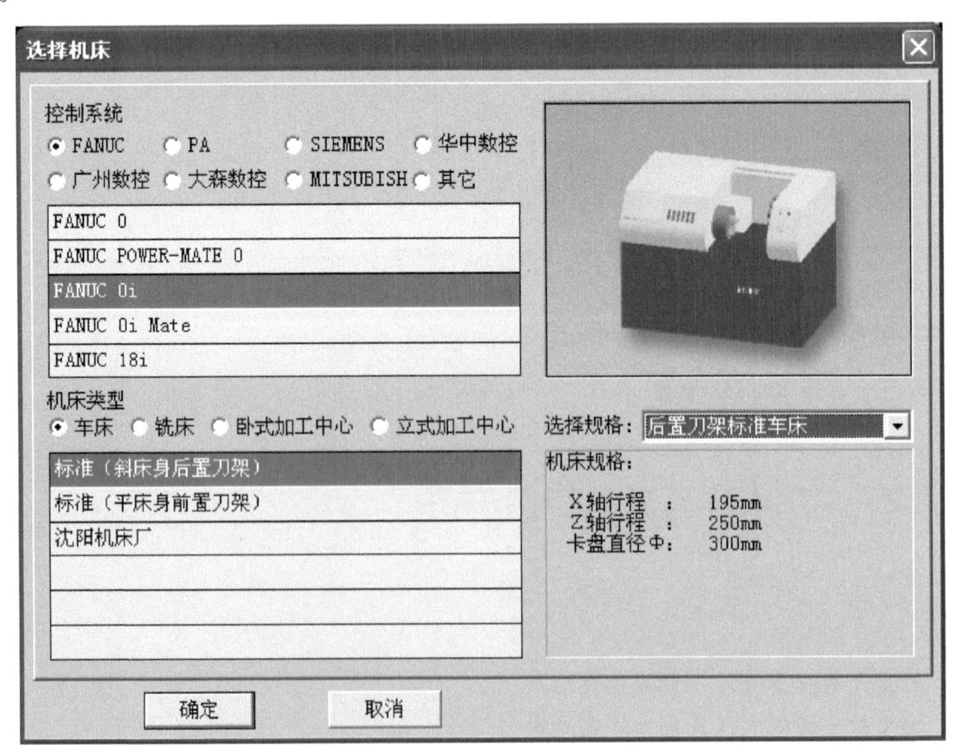

图 7－4－1 选择机床

2. 机床回参考点

按下“回原点”键，然后按“ +Z“ +X”键，屏幕出现如图 7 -4 -2 所示图框，表示已回零。

3. 定义毛坯与选择刀具

①定义毛坯。单击“零件/定义毛坯”，参数如图 7 -4 -3 所示，单击“确定”按钮。

②放置零件。单击菜单“零件/放置零件”，在如图 7 -4 -4 所示的“选择零件”对话框中，选取名称为“毛坯 2”的零件，单击“安装零件”按钮，界面上出现控制零件移动的面板，可以移动零件，也可按“退出”按钮。

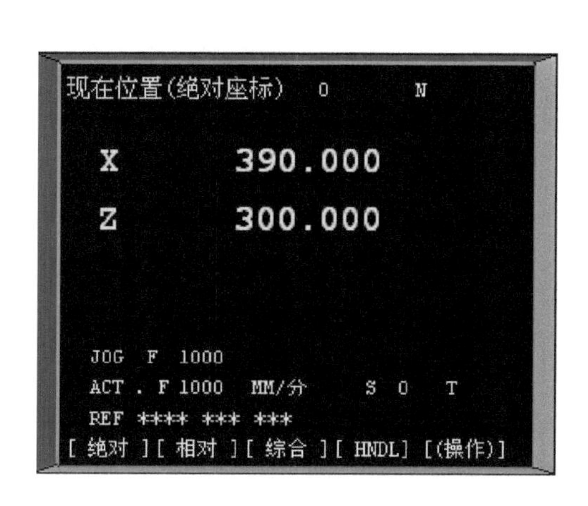

图 7 -4 -2　已回零图框

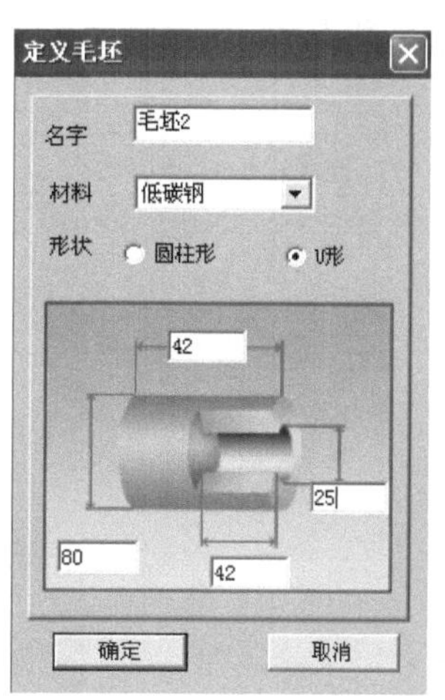

图 7 -4 -3　定义毛坯

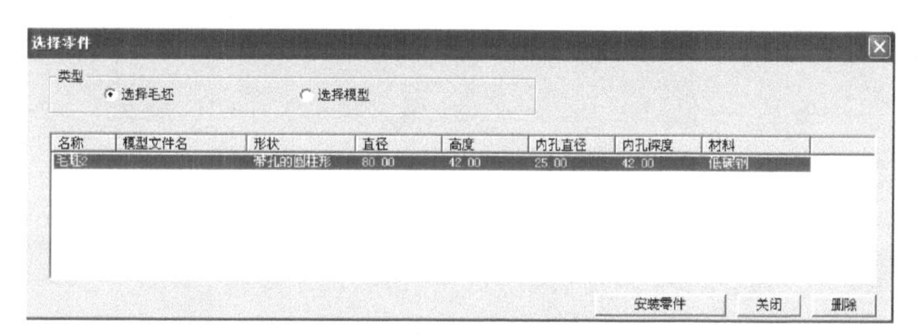

图 7 -4 -4　选择零件

③选择刀具。单击菜单“机床/选择刀具”，根据加工方式选择所需刀片和刀柄，然后单击“确定”按钮。

4. 手动对刀，设置参数

①在手动状态下，按下“主轴反转”键，使主轴转动起来，用 1 号刀具试切毛坯端面。

②按下“偏置”补偿键，选择“形状”，然后输入“$Z0$”，按下“刀具测量”“测量”键，完成 Z 向对刀。

③在手动状态下，按下“主轴反转”键，使主轴转动起来。用 1 号刀具对外圆柱面进行试切。

④记下 X 测量的直径值，按下“偏置”补偿键，选择“形状”，然后输入“X 直径值”，按下“刀具测量”“测量”键，完成 X 向对刀。

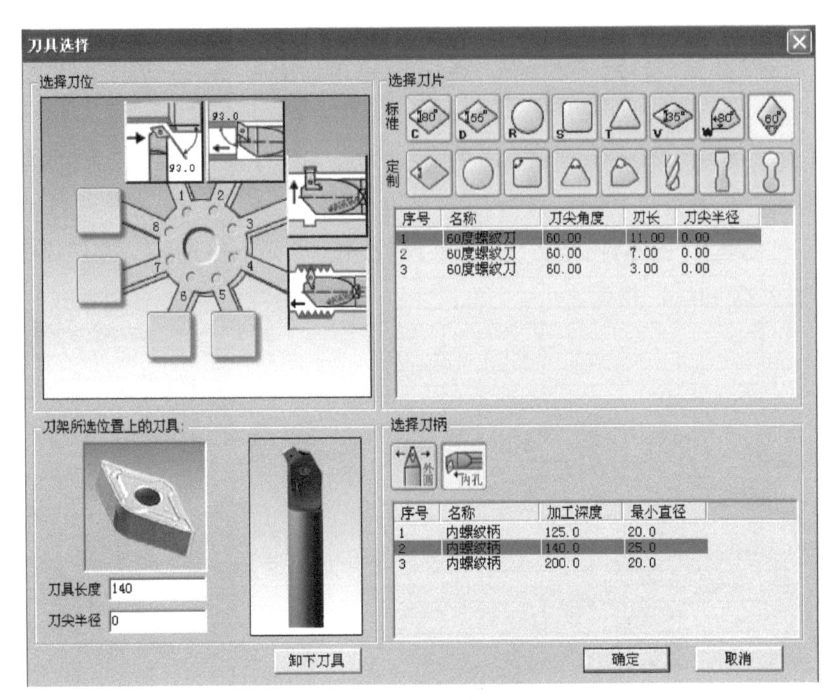

图 7-4-5 选择刀具

⑤输入刀尖圆弧半径“0.4”,单击“输入”按钮。

⑥输入假象刀尖方位角“3”,单击“输入”按钮。

⑦其他刀具对刀同理,设置完成后如图 7-4-6 所示。

5. 导入程序

选择“编辑”→“程序”→“操作”→“下一页(黑三角形)”→“F 检索”→找到所需程序→“READ”→输入程序名→“EXEC”命令,导入程序。

6. 仿真加工零件

单击“自动运行”按钮,单击“循环启动”按钮,仿真加工零件,如图 7-4-7 所示。

工具补正/摩耗 O0002 N 0010

番号	X	Z	R	T
01	168.308	81.883	0.400	3
02	-1.136	140.180	0.400	2
03	0.000	0.000	0.000	0
04	0.000	0.000	0.000	0
05	0.000	0.000	0.000	0
06	0.000	0.000	0.000	0
07	0.000	0.000	0.000	0
08	0.000	0.000	0.000	0

现在位置(相对座标)
U 250.308 W 181.883
〉 S 0 1
MEM **** *** ***
[摩耗] [形状] [SETTING[坐标系] [(操作)]

图 7-4-6 工具补正图框

图 7-4-7 仿真加工零件

7. 零件掉头

单击菜单“零件/移动零件”，将该零件掉头，并适当调整零件的装夹位置，如图 7－4－8 所示。

8. 换刀，手动对刀，控制总长

①换刀。在“MDI”状态下，输入“T0101”，然后单击“INSERT”按钮，然后单击“循环启动”按钮换刀，如图 7－4－9 所示。

图 7－4－8　零件掉头

图 7－4－9　换刀

②在手动状态下，按下“主轴反转”键，使主轴转动起来。用 1 号刀具试切毛坯端面。单击菜单“测量/剖面图测量”，在“是否保留半径小于 1 的圆弧？”对话框中，单击“否”按钮，查看零件的多余长度，如图 7－4－10 所示。

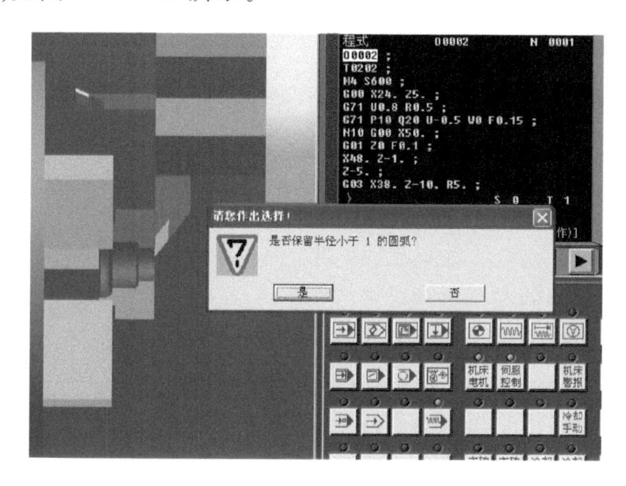

图 7－4－10　查看零件的多余长度

③单击“POS”→“相对”命令，输入“W”，单击“起源”按钮。在“手动脉冲”和“手轮”状态下，调整 *Z* 向的距离在总长范围之内。

④在手动状态下，按下“主轴反转”键，使主轴转动起来。单击“X”“－”键，将多余的长

度切除。

⑤按下“偏置”补偿键,选择“形状”,然后输入“Z0”,按下“刀具测量”“测量”键,其余参数保持不变。对刀参数如图 7-4-11 所示。

9. 导入程序

选择“编辑”→“程序”→“操作”→“下一页(黑三角形)”→“F 检索”→找到所需程序→“READ”→输入程序名→“EXEC”命令,导入程序。

10. 自动运行,仿真加工零件

单击“自动运行”按钮,单击“循环启动”按钮,完成零件仿真加工,如图 7-4-12 所示。

工具补正/摩耗　　O0006　N 0010

番号	X	Z	R	T
01	168.308	80.771	0.400	3
02	-1.136	139.074	0.400	2
03	0.503	119.995	0.000	0
04	-9.508	214.745	0.000	0
05	0.000	0.000	0.000	0
06	0.000	0.000	0.000	0
07	0.000	0.000	0.000	0
08	0.000	0.000	0.000	0

现在位置(相对座标)
U　20.492　W　183.541
>　S 0　4
MEM **** *** ***
[摩耗][形状][SETTING[坐标系][(操作)]

图 7-4-11　工具补正图框

图 7-4-12　完成零件仿真加工

技能训练

完成实训自我小结表(见附件 A)。

任务五　车削盘类综合零件

任务目标

1. 掌握盘类综合零件的车削方法。
2. 能通过修改参数保证零件尺寸精度。
3. 培养学生积极动手的能力,增强学生岗位责任意识。

任务描述

本任务是车削盘类综合零件,通过修改参数来确保零件尺寸精度,并能借助量具分析零件的加工质量,同时完成一份实习报告。

复习导入

零件加工精度如何？如何检验？

相关知识

略(参考项目七任务一～任务四)。

任务实施

一、加工零件

1. 加工准备

①阅读零件图(见图7－1－1),并按图纸要求检查坯料的尺寸。

②选择FANUC 0i机床,开机,机床回参考点。

③输入程序,并校验该程序。

④安装工件。

先将机床的三爪自定心卡盘松开,根据图纸要求安放工件,并夹持有效长度,然后校正夹紧。

⑤准备刀具。

将刀尖角35°外圆车刀安装在方刀架1号刀位,将55°内孔镗刀安装在2号刀位,将4 mm内径切槽刀安装在3号刀位,将60°内孔螺纹刀装在4号位。

安装刀具时要保证刀具悬伸长度,并注意刀具轴心线与工件轴线之间的夹角,同时考虑刀具的刚性。

2. 对刀,并正确输入刀具形状补偿值和刀具磨耗补偿值

(1)*Z*向对刀

选择1号刀具,采用试切法对毛坯的*Z*向进行对刀操作(即平端面),在1号偏置形状中输入“*Z*0”,按下“刀具测量”“测量”键,完成*Z*向对刀。

(2)*X*向对刀

用1号刀具试切法去除毛坯表面上的氧化层,测得*X*值,并在1号偏置形状中输入该值,按下“刀具测量”“测量”键,完成*X*向对刀。

其余对刀略。

(3)输入刀具磨耗补偿值

将精加工余量“0.8”输入到对应的偏置磨耗1号中,将精加工余量“0.5”输入到对应的偏置磨耗2号中,将精加工余量“0.1”输入到对应的偏置磨耗4号中。

3. 程序校验

①锁住机床,将加工程序输入到数控系统中,在“图形模拟”功能下,实现图形轨迹的校验。

②回零操作。

4. 加工工件

校验正确,调慢进给速度,按下“启动”键,开始加工。机床加工时,适当调整主轴转速和进给速度,保证加工正常。

5. 尺寸测量

程序执行完毕后，用游标卡尺和千分尺测量轮廓尺寸和长度尺寸，根据测量结果，修改相应刀具补偿值的数据，重新执行程序，精加工工件，直到加工出合格的产品。

6. 结束加工

松开夹具，卸下工件，清理机床。

二、完成质量评分表(见表 7-5-1)

表 7-5-1　质量评分表

班级：		姓名：		学号：		工种：	
项目序号：			项目名称：				
分类	序号	检测内容		配分	学生自测	教师检测	得分
工艺分析与程序编制	1	工艺与刀具卡片填写完整		10			
	2	程序编制正确、简洁		10			
	3	零件仿真模拟加工		10			
评分教师		加工时间			总得分		
加工操作	1	尺寸一：		8			
	2	尺寸二：		8			
	3	尺寸三：		8			
	4	尺寸四：		8			
	5	尺寸五：		8			
	6	表面粗糙度		8			
	7	零件加工完整性		7			
	8	工量具正确使用		5			
	9	设备正常操作、维护保养		5			
	10	文明生产和机床清洁		5			
评分教师		加工时间			总得分		

实训时间：________________

上海市工业技术学校

技能训练

完成实训自我小结表(见附件 A)。

任务拓展

完成如图 7－5－1 和图 7－5－2 所示零件的加工。

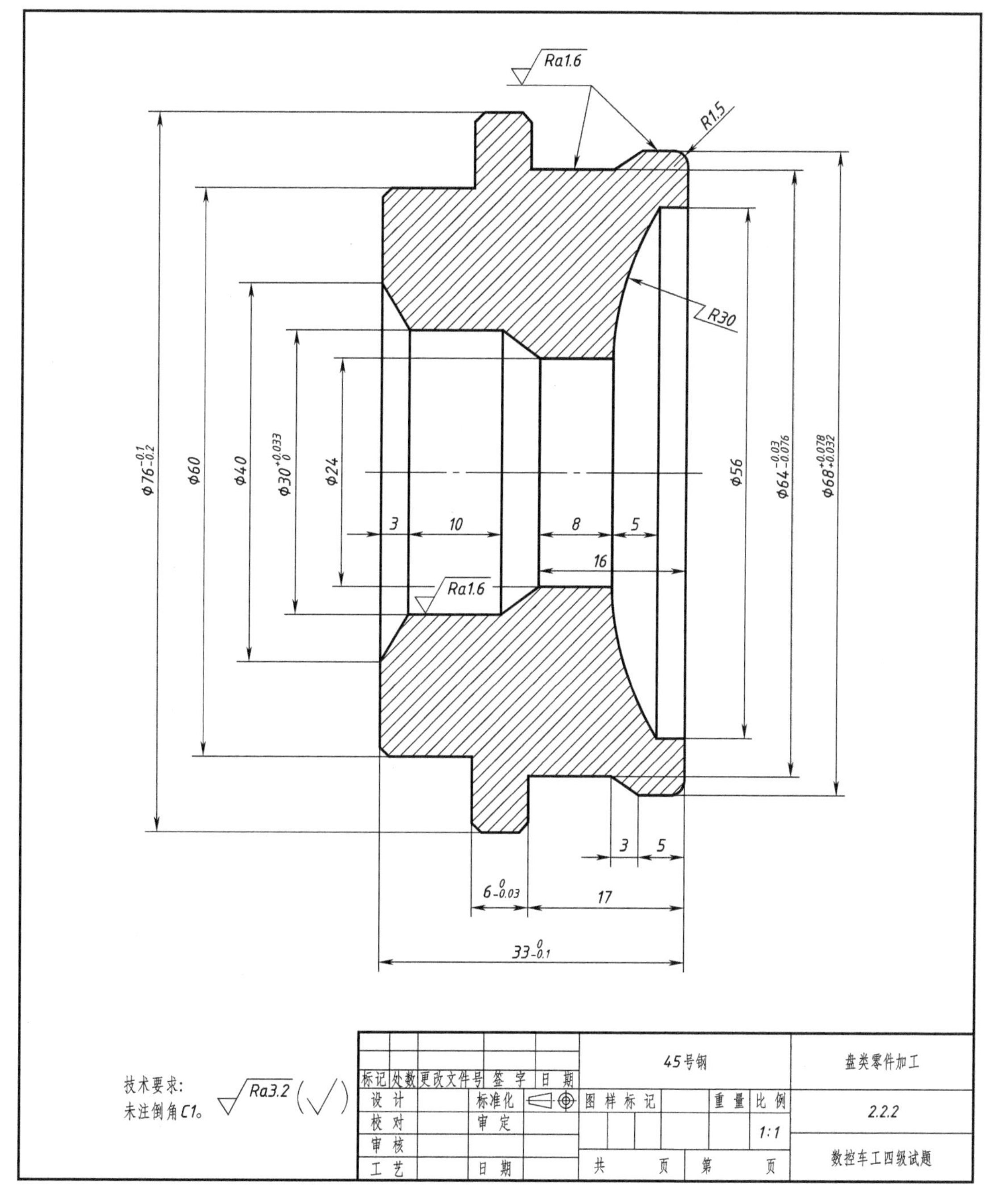

图 7－5－1　零件图

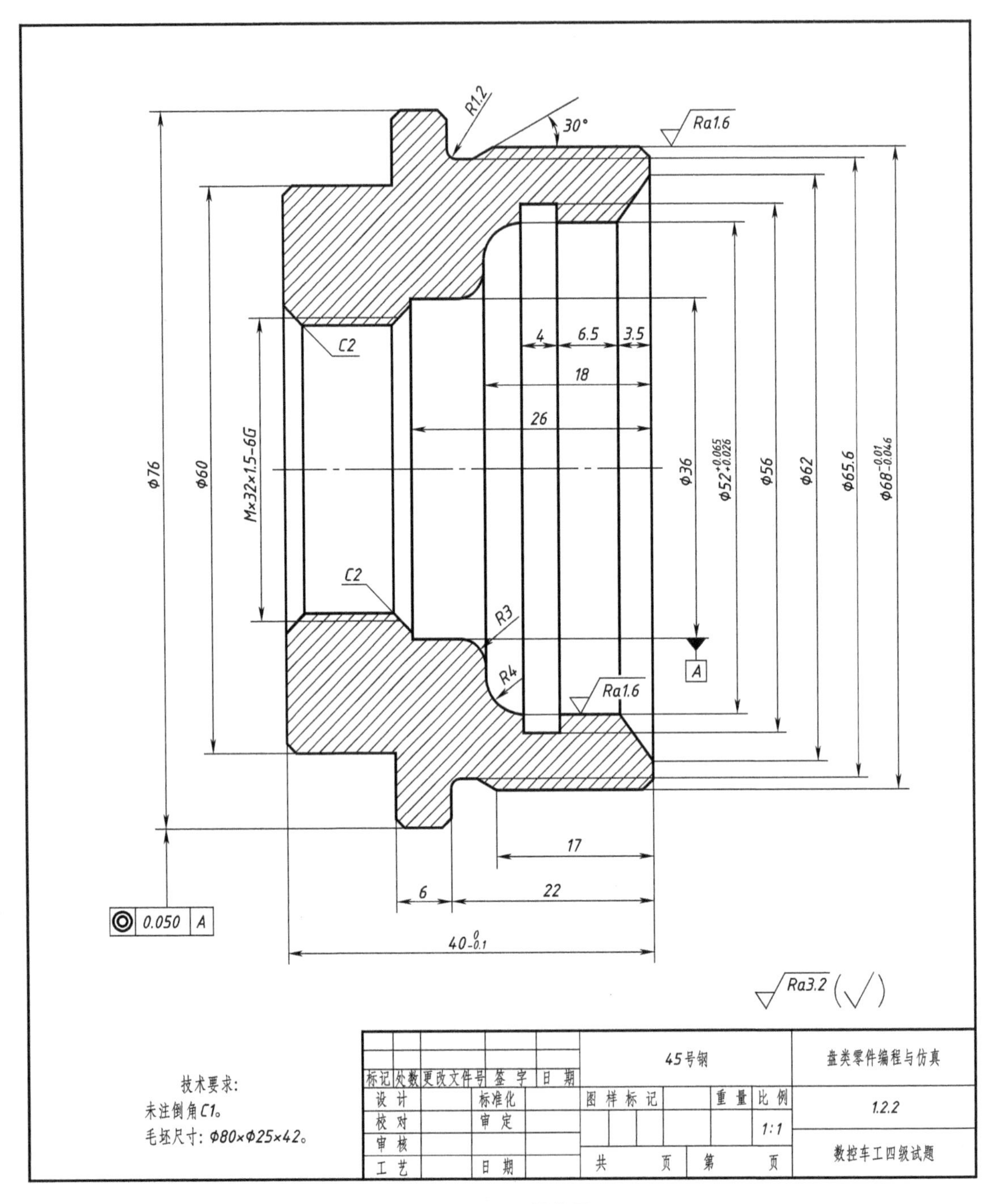
R1.2
30°
Ra1.6
C2
4
6.5
3.5
18
26
Φ76
Φ60
M×32×1.5-6G
Φ36
Φ52+0.065 +0.026
Φ56
Φ62
Φ65.6
Φ68-0.01 -0.046
C2
R3
A
R4
Ra1.6
17
6
22
0.050 A
40 0 -0.1
Ra3.2 (√)
技术要求:
未注倒角C1。
毛坯尺寸: Φ80×Φ25×42。
标记 处数 更改文件号 签 字 日 期
设 计
标准化
校 对
审 定
审 核
工 艺
日 期
45号钢
图 样 标 记
重 量
比 例
1:1
共 页
第 页
盘类零件编程与仿真
1.2.2
数控车工四级试题

图 7－5－2 零件图

项目八

车削组合件

任务一 分析组合件的数控车削加工工艺

任务目标

1. 掌握组合件数控车削加工工艺分析的方法。
2. 能制订合理的数控车削加工刀具卡片。
3. 培养学生独立思考的能力，培养学生团队协作精神。

任务描述

本任务就是以零件图（见图 8－1－1）为基础，对零件的结构、技术要求、坐标点的计算、切削加工工艺、加工顺序、走刀路线、刀具及切削用量的选择等进行全面、详细地分析，为后面的编程及加工活动做充分准备。

光轴→台阶→外圆→内孔→螺纹→轴类零件→盘类零件→？

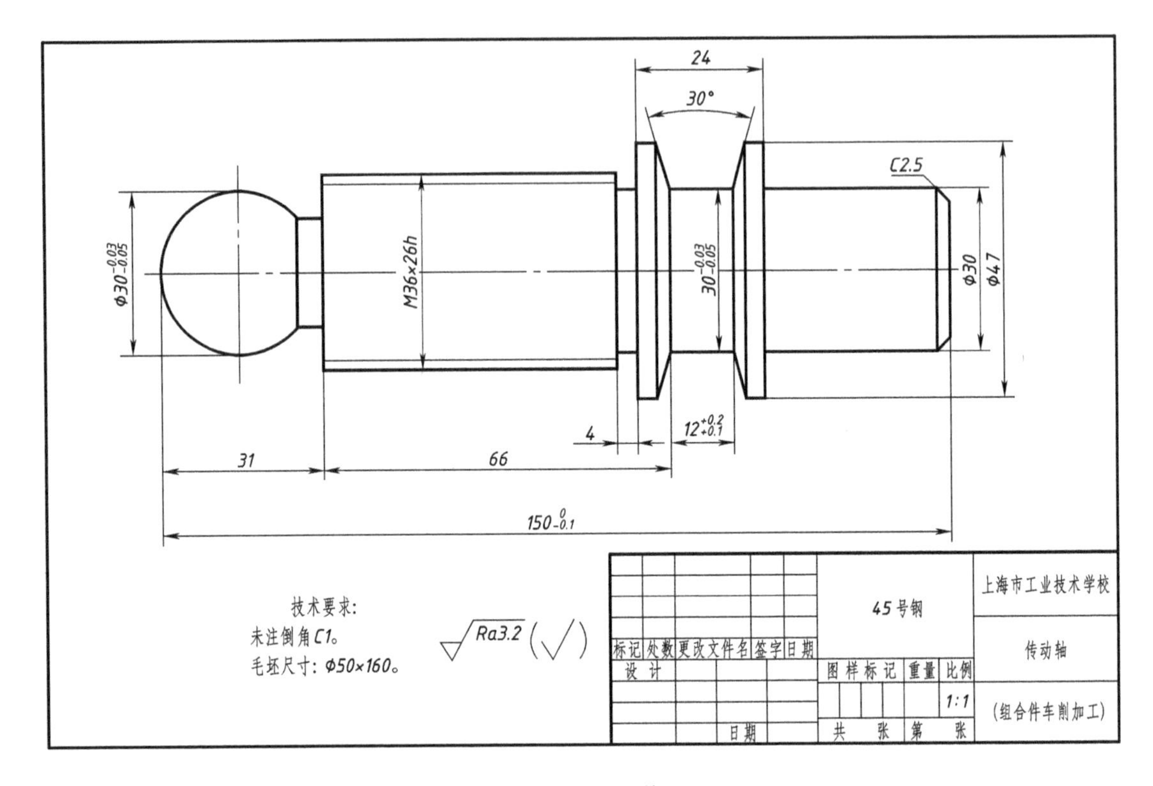

图 8－1－1　零件图

相关知识

1. 零件的结构、技术要求分析

对零件图纸进行分析后，可以看出该零件为轴类零件，两端需要分别进行加工。毛坯材料为 45 号钢，毛坯尺寸为前次加工后的尺寸，车间现有机床能满足加工需求。

该零件由外圆轮廓、螺纹、凹槽等组成，其中外圆尺寸 $\phi30_{-0.05}^{-0.03}$、球头尺寸 $\phi30_{-0.05}^{-0.03}$、长度尺寸 $150_{-0.1}^{0}$、槽宽尺寸 $12_{+0.1}^{+0.2}$有公差要求，需要加工到公差范围。螺纹尺寸需要做到满足“通规进，止规不进”的原则。

根据粗糙度要求分析，该零件无须磨削加工。

2. 切削工艺分析

①装夹夹具：车床三爪自定心卡盘。

②加工方案的选择：轴类零件需要掉头（两次）装夹，每次装夹完成零件的粗、精加工。

③确定加工顺序：采用先粗后精的加工原则，粗加工留 0.5 mm 余量，然后检测零件的几何尺寸，根据检测结果决定刀具的，磨耗修正量，再分别对零件进行精加工。

④确定走刀路线。

⑤刀具的选择：采用硬质合金的 35°外圆车刀口、60°外螺纹车刀和槽宽 4 mm 的切槽刀。

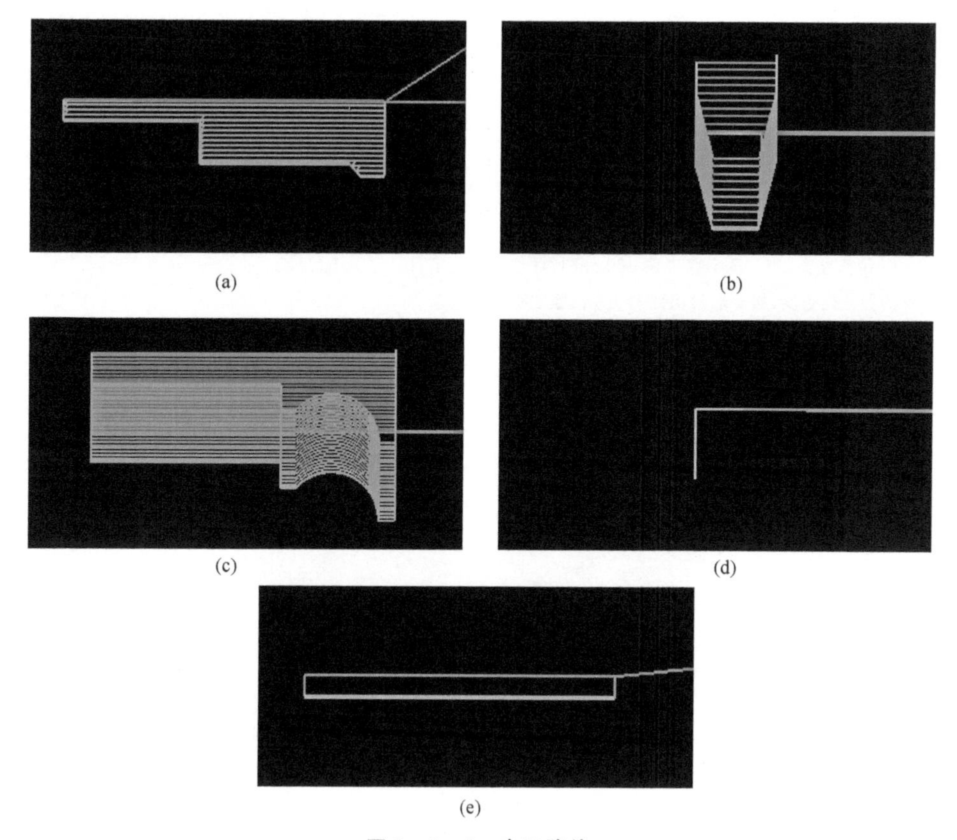

图 8-1-2　走刀路线

⑥切削用量的选择：根据工件材料、工艺要求进行选择，加工外圆时主轴转速粗加工时取 $S=1\ 000$ r/min，精加工时取 $S=1\ 200$ r/min，进给量轮廓粗加工时取 $f=0.2$ mm/min，轮廓精加工时取 $f=0.1$ mm/min，背吃刀量每次切深 1 mm，留 0.5 mm 精加工余量；加工内槽时主轴转速粗加工时取 $S=800$ r/min，背吃刀量 4 mm，进给量轮廓粗加工时取 $f=0.05$ mm/min；加工螺纹时 $S=500$ r/min。

任务实施

填写数控加工工艺卡片（见表 8-1-1）和数控刀具卡片（见表 8-1-2）。

表 8-1-1　数控加工工艺卡片

<table>
<tr><td colspan="4" rowspan="2">数控加工工艺卡</td><td colspan="2">零件代号</td><td colspan="2">材料名称</td><td>零件数量</td></tr>
<tr><td colspan="2">项目八</td><td colspan="2">45 号钢</td><td>1</td></tr>
<tr><td>设备名称</td><td>数控车床</td><td>系统型号</td><td>FANUC</td><td colspan="2">夹具名称</td><td>三爪卡盘</td><td>毛坯尺寸</td><td>φ50×160</td></tr>
<tr><td>工序号</td><td colspan="3">工序内容</td><td>刀具号</td><td>主轴转速（r/min）</td><td>进给量（mm/r）</td><td>背吃刀量（mm）</td><td>备注</td></tr>
<tr><td rowspan="3">一</td><td colspan="3">1. 夹住毛坯右端，建立工件坐标系</td><td></td><td></td><td></td><td></td><td></td></tr>
<tr><td colspan="3">2. 粗/精加工外轮廓</td><td>T01</td><td>1 000/1 200</td><td>0.2/0.1</td><td>1/0.5</td><td>O0001</td></tr>
<tr><td colspan="3">3. 加工内槽，保证 $\phi30_{-0.05}^{-0.03}$、$12_{+0.1}^{+0.2}$</td><td>T02</td><td>800</td><td>0.05</td><td>4</td><td>O0002</td></tr>
</table>

续表

数控加工工艺卡				零件代号		材料名称		零件数量
				项目八		45号钢		1
设备名称	数控车床	系统型号	FANUC	夹具名称		三爪卡盘	毛坯尺寸	$\phi50\times160$
工序号	工序内容			刀具号	主轴转速(r/min)	进给量(mm/r)	背吃刀量(mm)	备注
二	1. 掉头装夹,用三爪卡盘夹住 $\phi30$ 外圆,百分表找正工件外圆保证同心度,加工端面保证 $150_{-0.1}^{0}$,建立工件坐标系							
	2. 粗/精加工外轮廓,保证球头 $\phi30_{-0.05}^{-0.03}$			T01	1 000/1 200	0.2/0.1	1/0.5	O0003
	3. 加工内槽			T02	800	0.05	4	O0004
	4. 加工螺纹 M36×2h6			T03	500	1.5		O0005
	5. 拆卸工件,去毛刺,检测							
编制		审核		批准		年 月 日	共1页	第1页

表 8-1-2 数控刀具卡片

序号	刀具号	刀具名称	刀片/刀具规格	刀尖圆弧	刀具材料	备注
1	T01	外径车刀	35°V形刀片/20×20	$R=0.4$	硬质合金	
2	T02	切槽刀	4 mm槽宽刀片	$R=0$	硬质合金	
3	T03	外螺纹车刀	60°三角刀片	$R=0$	硬质合金	
编制		审核		批准		年 月 日	共1页	第1页

技能训练

完成实训自我小结表(见附件A)。

任务二 对刀及设置参数

任务目标

1. 掌握数控车床上组合件的多把刀具的对刀方法。
2. 能正确对设置机床刀具偏置参数。
3. 培养学生独立思考的能力,增强工作责任意识。

任务描述

本任务是熟练使用数控车床,并能进行组合件的多把刀具的安装及参数设置,重点掌握对刀参数设置的方法,为加工出符合图纸要求的合格零件做准备。

复习导入

单把刀具的安装及对刀方法→多把刀具的安装及对刀方法。

相关知识

略(参考项目二任务二)。

任务实施

一、加工准备

①阅读零件图,并按图纸要求检查坯料的尺寸(ϕ50×160 mm)。

②开机,机床回参考点。

③在手动方式下快速移动刀架,当刀架上的刀具即将要接近工件时,采用手动方式移动刀架,直至接近工件。

④安装夹紧工件。

先将毛坯安装在三爪自定心卡盘上,校正夹紧,工件悬伸出足够的长度。

⑤安装刀具。

a. 将刀尖角为35°的外圆车刀牢固地夹紧在方刀架1号位上,主偏角取91°~93°。安装刀具时要保证刀具悬伸长度满足零件的厚度要求,并考虑刀具的刚性。

b. 将槽宽4 mm的切槽刀安装在刀架2号位,保证刀杆轴线与主轴回转轴线垂直。

c. 将60°外螺纹车刀安装在刀架3号位,保证刀杆轴线与主轴回转轴线垂直。

二、对刀,正确输入偏置数据

1. 外圆刀对刀

(1)X向对刀

本任务选择刀具试切法对毛坯的X向进行外圆车削的对刀操作。测量得到X值,将“X直径值”数据输入到工具偏置形状X中,然后按下“刀具测量”“测量”键,完成X向对刀。

(2)Z向对刀

用刀具试切毛坯端面,得到Z零偏值,将“$Z0$”输入到工具偏置形状Z中,然后按下“刀具测量”“测量”键,完成Z向对刀。

2. 外螺纹对刀

(1)X向对刀

本任务选择刀具接触法对外圆刀试切好的圆柱表面X向进行外圆车削的对刀操作,当外螺纹刀接触到外圆表面时,即为外圆刀试切后的X值,将此数据通过“刀具测量”“测量”键输入到工具偏置形状X中,完成X向对刀。

(2)Z向对刀

用目测法对刀。移动刀具,将螺纹刀刀位点与外圆端面平齐。

3. 外槽车刀对刀

(1)*X* 向对刀

采用接触法对刀，同外螺纹刀。

(2)*Z* 向对刀

采用接触法对刀。当刀具碰到工件端面时，输入“Z0”，按下“刀具测量”“测量”键，完成 *Z* 向对刀。

(3)输入刀具磨耗补偿值

将磨耗 0.8 mm（粗加工）输入到工具补正磨耗中与其程序对应的地址符号 *X* 中。

技能训练

预习编程指令。

任务三　编制组合件程序

任务目标

1. 掌握组合件的基本编程方法。
2. 能正确编制组合件程序。
3. 培养学生独立思考的能力，培养学生团队协作能力。

任务描述

要加工出合格的零件，在制订合理的加工工艺的基础上，按照图纸及加工工艺编制数控程序就显得尤其重要。

本任务就是在充分掌握编程基本指令的基础上，严格按图纸及加工工艺正确地编写零件的加工程序，并能熟练修改程序。

基本编程指令 G 指令、M 指令。

相关知识

1. 外圆粗、精车复合固定循环（G71、G70）

指令格式：

```
G71U (Δd)R (e);
G71P (ns)Q (nf)U (Δu)W(Δw)F (f)S (s)T(t);(粗车循环)
……
G70P (ns)Q (nf);(精车循环)
```

2. 仿形车复合固定循环（G73、G70）

指令格式：

```
G73U(Δi)W(Δk)R(d);
G73P(ns)Q(nf)U(Δu)W(Δw)F(f)S(s)T(t);
......
G70P(ns)Q(nf);(精车循环)
```

3. 螺纹切削复合循环 G76

指令格式：

$G76\ P(m)(r)(a)\ Q(\Delta d_{min})\ R(d);$

$G76\ X(u)\_Z(w)\_R(i)\ P(k)\ Q(\Delta d)\ F\_;$

任务实施

编写程序(参考程序见表 8－3－1～表 8－3－5)。

表 8－3－1　参考程序(一)

O0001	
T0101;	1 号刀具,刀具补偿号为 1
M04 S800;	主轴反转,转速 800 r/min
G00 X55. Z5.;	快速定位到 X55. Z5.
G71 U1. R1.;	粗车外圆复合循环,每次切深 1 mm
G71 P1 Q2 U0.5 W0 F0.15;	*X* 方向留 0.5 mm 的余量
N1 G00 X25.;	精车第一段程序,开始轮廓插补
G01 Z0 F0.1;	
G01 X30. Z－2.5;	
Z－35.;	
X47.;	
Z－65.;	
N2 X55.;	
G00 Z50.;	
T0101;	
M04 S1000;	
G42 G00 X55. Z5.;	
G70 P1 Q2;	精车循环
G40 G00 Z100.;	
M30;	

表 8－3－2　参考程序(二)

O0002	
T0202	2 号刀具,刀具补偿号为 2
M04 S800;	主轴反转,转速 800 r/min
G00 X55. Z－44.722;	快速定位
G73 U10. W0 R10;	封闭切削复合循环,每次切深 1 mm

续表

O0002	
G73 P1 Q2 U0.5 W0 F0.15;	X 方向留 0.5 mm 的余量
N1 G01 X47. F0.1;	精车第一段程序，开始轮廓插补
X30. Z-47.;	
Z-53.1;	
X47. Z-55.378;	
N2 X55.;	
G00 Z50.;	
T0202;	
M04 S1000;	
G00 X55. Z-46.732;	
G70 P1 Q2;	精车循环
G00 Z100.;	
M30;	

表 8-3-3 参考程序(三)

O0003	加工零件左端
T0101;	1 号刀具，刀具补偿号为 1
M04 S800;	主轴反转，转速 800 r/min
G00 X55. Z5.;	快速定位到 X55. Z5.
G73 U25. W0 R25;	封闭切削复合循环，每次切深 1 mm
G73 P1 Q2 U0.5 W0 F0.15;	X 方向留 0.5 mm 的余量
N1 G00 X0;	精车第一段程序，开始轮廓插补
G01 Z0 F0.1;	
G03 X20. Z-26.18 R15.;	
G01 Z-31.;	
X36.;	
Z-91.;	
N2 X55.;	
G00 Z50.;	
T0101;	
M04 S1000;	
G42 G00 X55. Z5.;	
G70 P1 Q2;	精车循环
G40G00 Z100.;	
M30;	

表 8-3-4　参考程序(四)

O0004	
T0202;	2 号刀具,刀具补偿号为 2
M04 S800;	主轴反转,转速 800 r/min
G00 X55. Z10.;	快速定位
G01 Z0 F0.15;	
X30.;	
X55.;	
G00 Z100.;	
M30;	

表 8-3-5　参考程序(五)

O0005	
T0303;	3 号刀具,刀具补偿号为 3
M04 S400;	主轴反转,转速 400 r/min
G00 X40. Z5.;	快速定位
G76 P011060 Q100 R0.1;	螺纹加工
G76 X33.4 Z-56. P130 Q400 F2;	
G00 X55. Z100.;	
M30;	

技能训练

预习仿真面板。

任务四　仿真加工组合件

任务目标

1. 掌握组合件的仿真操作方法。
2. 能在宇龙软件上仿真加工合格零件。
3. 培养学生独立思考的能力,增强工作责任意识。

任务描述

本任务就是按照图纸及加工工艺正确地编写零件的加工程序,并在仿真软件上验证该程序。

复习导入

零件加工工艺分析→零件编程→?

相关知识

略(参考项目二任务三)。

任务实施

FANUC 0i 机床仿真操作步骤

1. 激活机床

打开数控仿真软件,选择 FANUC 0i 机床,如图 8-4-1 所示,单击“启动”按钮,松开“急停”按钮。

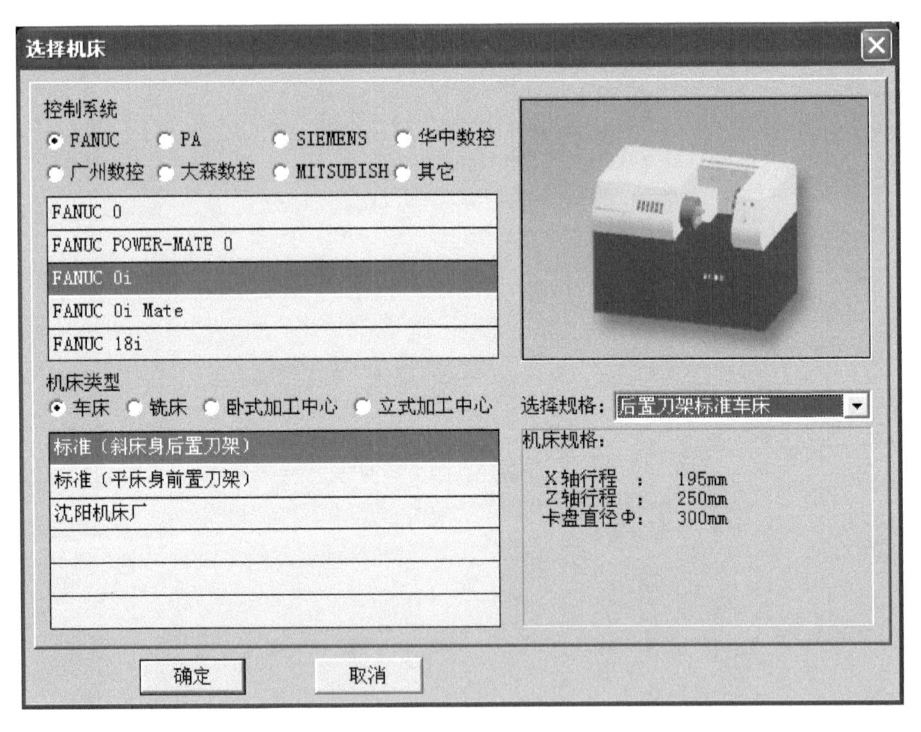

图 8-4-1 选择机床

2. 机床回参考点

按下“回原点”键,然后按下“+Z”“+X”键,屏幕出现如图 8-4-2 所示图框,表示已回零。

3. 定义毛坯与选择刀具

①定义毛坯。单击“零件/定义毛坯”,参数如图 8-4-3 所示,单击“确定”按钮。

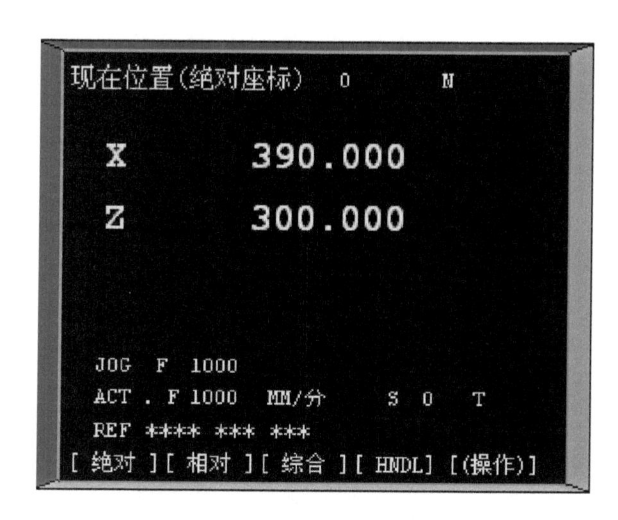

图 8-4-2　表示已回零图框

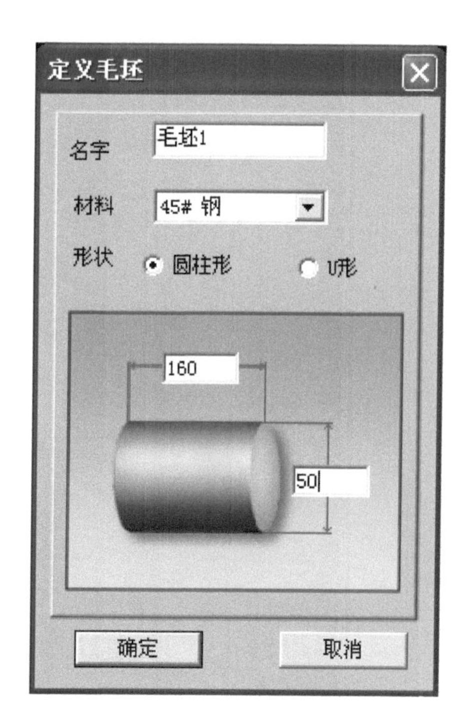

图 8-4-3　定义毛坯

②放置零件。单击菜单“零件/放置零件”，在选择零件对话框中，选取名称为“毛坯 1”的零件，单击“安装零件”按钮，界面上出现控制零件移动的面板，可以移动零件，也可按“退出”按钮。

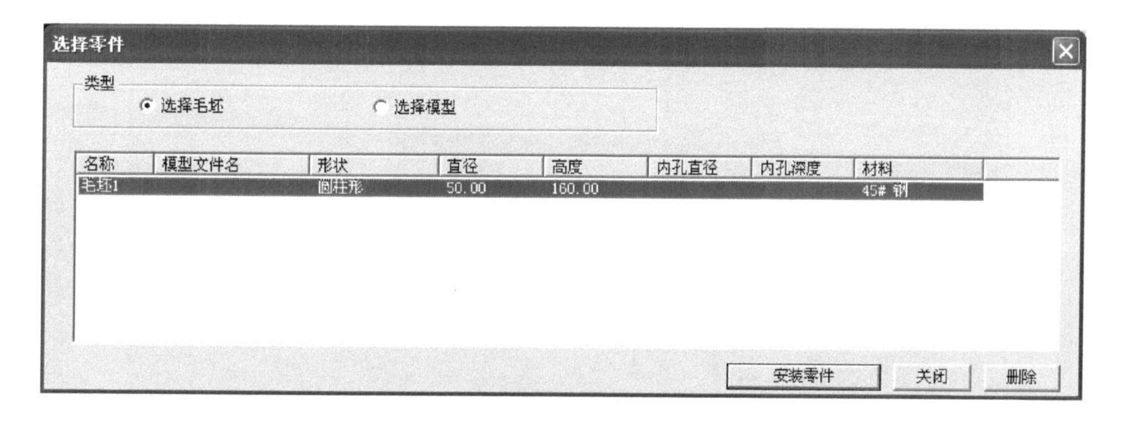

图 8-4-4　选择零件

③选择刀具。单击菜单“机床/选择刀具”，根据加工方式选择所需刀片和刀柄，如图 8-4-5 所示，然后单击“确定”按钮。刀具安装后的效果如图 8-4-6 所示。

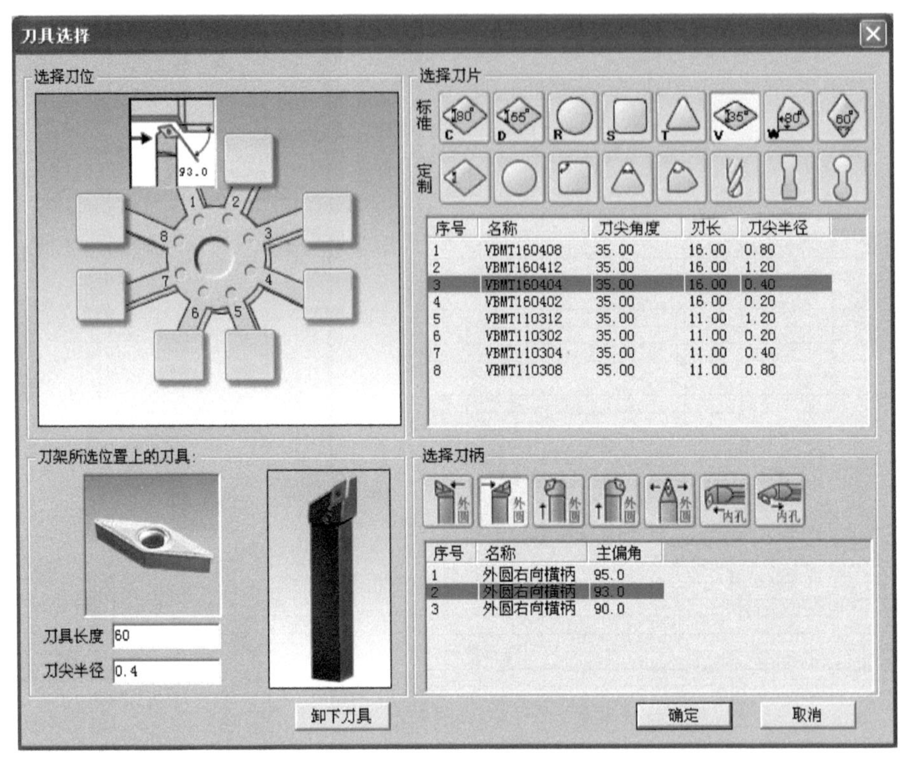
刀具选择
选择刀位
93.0
选择刀片
标准
定制
序号 名称 刀尖角度 刃长 刀尖半径
1 VBMT160408 35.00 16.00 0.80
2 VBMT160412 35.00 16.00 1.20
3 VBMT160404 35.00 16.00 0.40
4 VBMT160402 35.00 16.00 0.20
5 VBMT110312 35.00 11.00 1.20
6 VBMT110302 35.00 11.00 0.20
7 VBMT110304 35.00 11.00 0.40
8 VBMT110308 35.00 11.00 0.80
刀架所选位置上的刀具:
刀具长度 60
刀尖半径 0.4
选择刀柄
序号 名称 主偏角
1 外圆右向横柄 95.0
2 外圆右向横柄 93.0
3 外圆右向横柄 90.0
卸下刀具
确定
取消

(a)

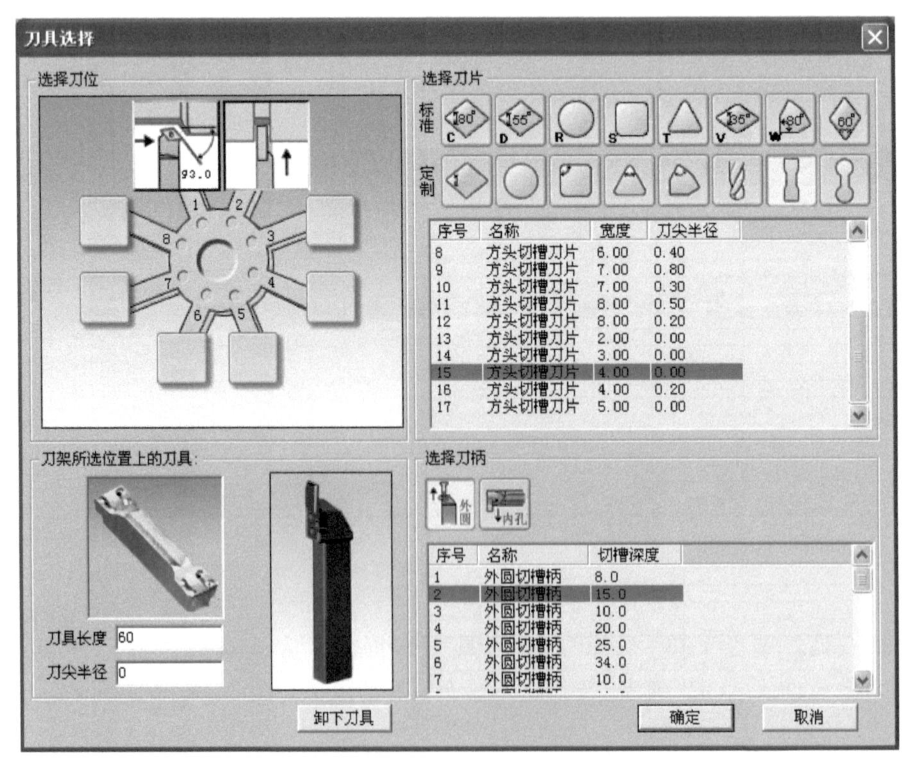
刀具选择
选择刀位
93.0
选择刀片
标准
定制
序号 名称 宽度 刀尖半径
8 方头切槽刀片 6.00 0.40
9 方头切槽刀片 7.00 0.80
10 方头切槽刀片 7.00 0.30
11 方头切槽刀片 8.00 0.50
12 方头切槽刀片 8.00 0.20
13 方头切槽刀片 2.00 0.00
14 方头切槽刀片 3.00 0.00
15 方头切槽刀片 4.00 0.00
16 方头切槽刀片 4.00 0.20
17 方头切槽刀片 5.00 0.00
刀架所选位置上的刀具:
刀具长度 60
刀尖半径 0
选择刀柄
序号 名称 切槽深度
1 外圆切槽柄 8.0
2 外圆切槽柄 15.0
3 外圆切槽柄 10.0
4 外圆切槽柄 20.0
5 外圆切槽柄 25.0
6 外圆切槽柄 34.0
7 外圆切槽柄 10.0
卸下刀具
确定
取消

(b)

图 8－4－5　选择刀具

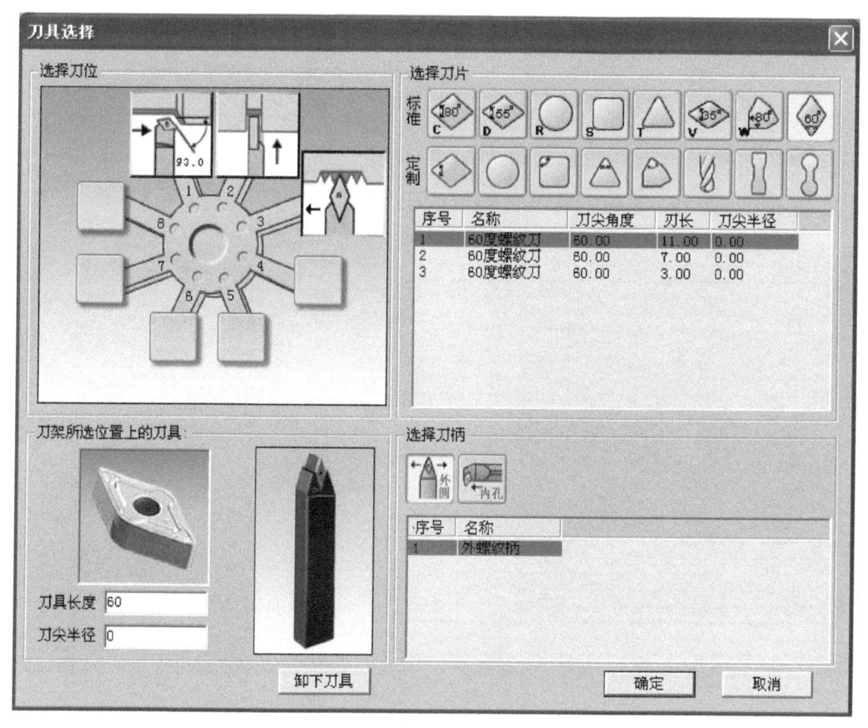

(c)

图 8-4-5　选择刀具(续)

4. 手动对刀,设置参数

①在手动状态下,按下“主轴反转”键,使主轴转动起来。用 1 号刀具试切毛坯端面。

②按下“偏置”补偿键,选择“形状”,然后输入“Z0”,按下“刀具测量”“测量”键,完成 Z 向对刀。

③在手动状态下,按下“主轴反转”键,使主轴转动起来。用 1 号刀具对外圆柱面进行试切。

④记下 X 测量的直径值,按下“偏置”补偿键,选择“形状”,然后输入“X 直径值”,按下“刀具测量”“测量”键,完成 X 向对刀。

⑤输入刀尖圆弧半径“0.4”,单击“输入”按钮。

⑥输入假象刀尖方位角“3”,单击“输入”按钮,出现如图 8-4-7 所示图框。

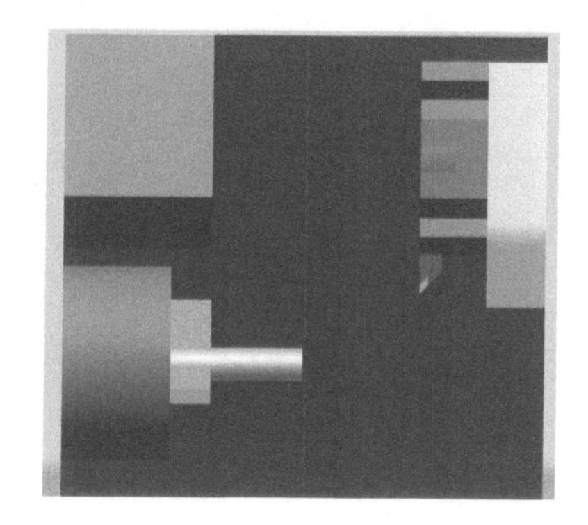

图 8-4-6　刀具安装后的效果

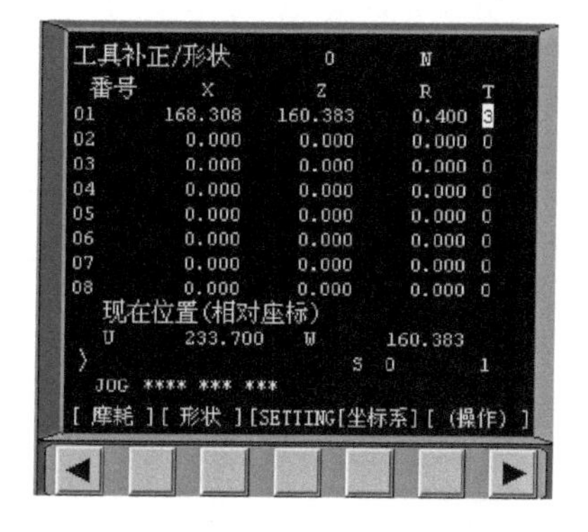

图 8-4-7　工具补正图框

5. 导入程序

选择“编辑”→“程序”→“操作”→“下一页(黑三角形)”→“F 检索”→找到所需程序→“READ”→输入程序名→“EXEC”命令,输入程序,如图 8-4-8 所示。

6. 自动运行,仿真加工零件

单击“自动运行”按钮,单击“循环启动”按钮,仿真加工零件,如图 8-4-9 所示。

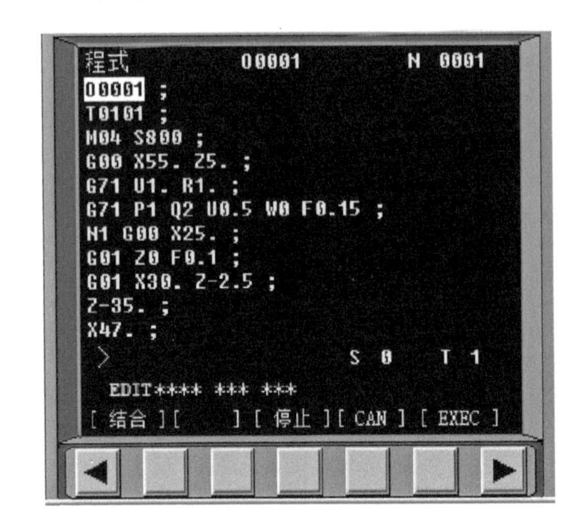

图 8-4-8 导入程序

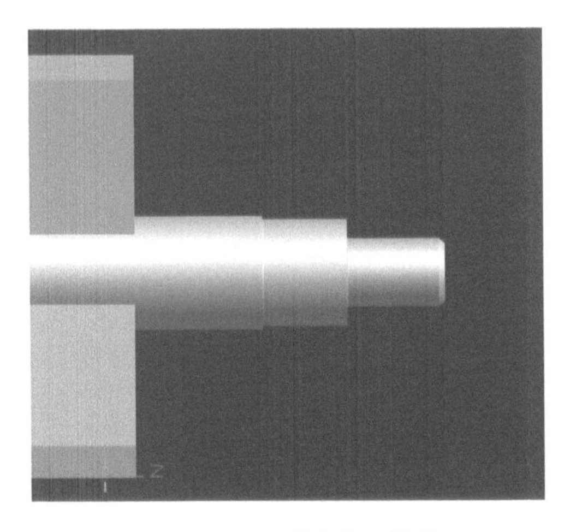

图 8-4-9 仿真加工零件

7. 换刀,手动对刀,设置参数

①换刀。在“MDI”状态下,输入“T0202”,单击“INSERT”→“循环启动”命令,换刀。如图 8-4-10 所示。

②在手动状态下,按下“主轴反转”键,使主轴转动起来。在“手动脉冲”和“手轮”状态下,用 2 号刀具对外圆柱面进行试切。(注意:碰到即可,不可切入太深)记下 *X* 测量的直径值,按下“偏置”补偿键,选择“形状”,然后输入“*X* 直径值”,按下“刀具测量”“测量”键,完成对刀。

③使用接触法,适当调整刀具的位置,使刀具的右切削刃对准零件的外端面。按下“偏置”补偿键,选择“形状”,然后输入“*Z*0”,按下“刀具测量”“测量”键,完成对刀,出现如图 8-4-11 所示图框。

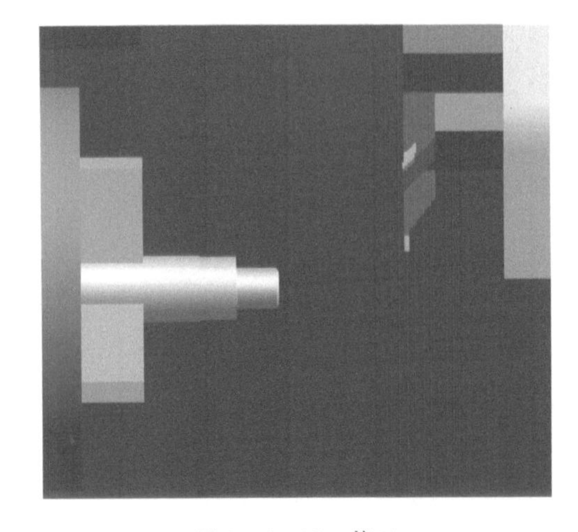

图 8-4-10 换刀

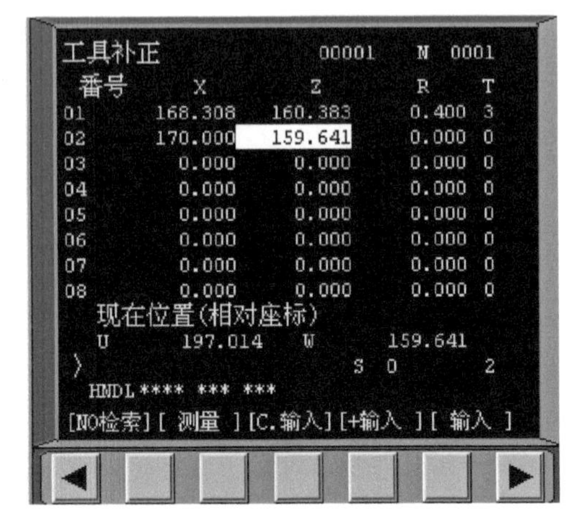

图 8-4-11 工具补正图框

8. 导入程序

选择“编辑”→“程序”→“操作”→“下一页(黑三角形)”→“F 检索”→找到所需程序→“READ”→输入程序名→“EXEC”命令,导入程序,如图 8－4－12 所示。

9. 自动运行,仿真加工零件

单击“自动运行”按钮,单击“循环启动”按钮,仿真加工零件,如图 8－4－13 所示。

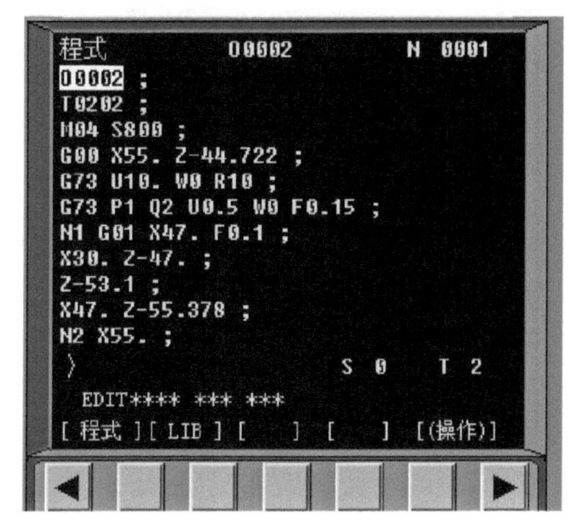

图 8－4－12　导入程序

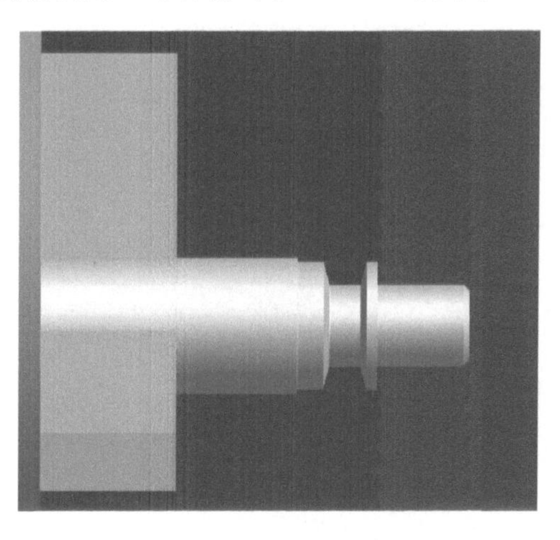

图 8－4－13　仿真加工零件

10. 零件掉头

单击菜单“零件/移动零件”,将该零件掉头,并适当调整零件的装夹位置如图 8－4－14 所示。

11. 换刀,手动对刀,控制总长

①换刀。在“MDI”状态下,输入“T0101”,单击“INSERT”按钮,单击“循环启动”按钮。如图 8－4－15 所示。

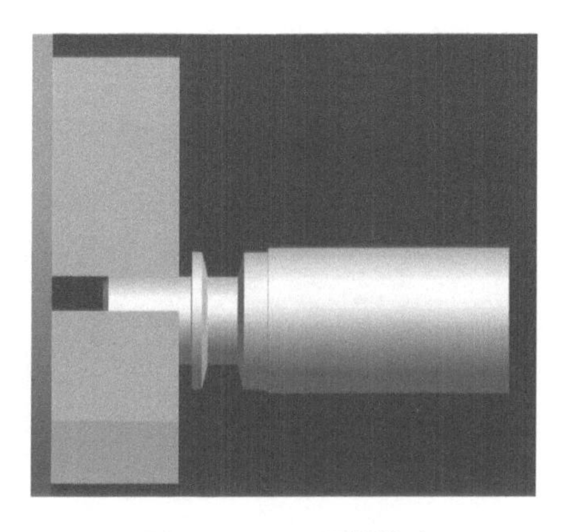

图 8－4－14　零件掉头

图 8－4－15　换刀

②在手动状态下,按下“主轴反转”键,使主轴转动起来。用 1 号刀具试切毛坯端面。单击菜单“测量/剖面图测量”,在“是否保留半径小于 1 的圆弧?”对话框中,单击“否”按钮,查看零件的多余长度。

③单击“POS”→“相对”命令,输入“W”,单击“起源”按钮,在“手动脉冲”和“手轮”状态下,调整 Z 向的距离在总长范围之内。

④在手动状态下,按下“主轴反转”键,使主轴转动起来。按下“－X”键,将多余的长度切除。

⑤按下“偏置”补偿键，选择“形状”，然后输入“Z0”，按下“刀具测量”“测量”键，其余参数保持不变，出现如图 8－4－16 所示图框。

12. 导入程序

选择“编辑”→“程序”→“操作”→“下一页（黑三角形）”→“F 检索”→找到所需程序→“READ”→输入程序名→“EXEC”命令，导入程序，如图 8－4－17 所示。

```
工具补正                00002    N  0001
 番号      X          Z          R     T
01     168.308    170.772     0.400   3
02     170.000    159.641     0.000   0
03       0.000      0.000     0.000   0
04       0.000      0.000     0.000   0
05       0.000      0.000     0.000   0
06       0.000      0.000     0.000   0
07       0.000      0.000     0.000   0
08       0.000      0.000     0.000   0
  现在位置(相对座标)
  U      229.200    W        -7.569
 >                          S  0       1
  JOG **** *** ***
[NO检索][ 测量 ][C.输入][+输入 ][ 输入 ]
```

图 8－4－16　工具补正图框

```
程式              O0003          N  0001
O0003 ;
T0101 ;
M04 S800 ;
G00 X55. Z5. ;
G73 U25. W0 R25 ;
G73 P1 Q2 U0.5 W0 F0.15 ;
N1 G00 X0 ;
G01 Z0 F0.1 ;
G03 X20. Z-26.18 R15. ;
G01 Z-31. ;
X36. ;
 >                         S  0     T  1
  EDIT**** *** ***
[ 程式 ][ LIB ][    ][    ] [(操作)]
```

图 8－4－17　导入程序

13. 自动运行，仿真加工零件

单击“自动运行”按钮，单击“循环启动”按钮，仿真加工零件，如图 8－4－18 所示。

14. 换刀，手动对刀，设置参数

①换刀。在“MDI”状态下，输入“T0202”，单击“INSERT”按钮，单击“循环启动”按钮，如图 8－4－19 所示。

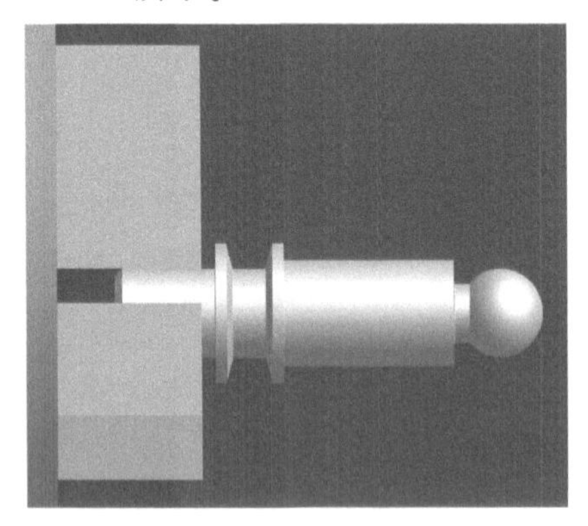

图 8－4－18　仿真加工零件

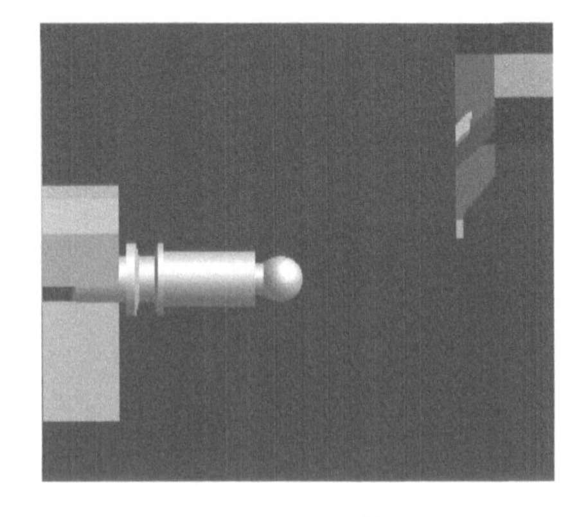

图 8－4－19　换刀

②使用目测法，适当调整刀具的位置，使刀具的右切削刃对准零件 $\phi 47$ 的外端面。按下“偏置”补偿键，选择“形状”，然后输入“Z0”，按下“刀具测量”“测量”键，其余参数保持不变，出现如图 8－4－20 所示图框。

15. 导入程序

选择“编辑”→“程序”→“操作”→“下一页（黑三角形）”→“F 检索”→找到所需程序→“READ”→输入程序名→“EXEC”命令，导入程序，如图 8－4－21 所示。

工具补正 O0004 N 0001

番号	X	Z	R	T
01	168.308	170.772	0.400	3
02	170.000	78.910	0.000	0
03	0.000	0.000	0.000	0
04	0.000	0.000	0.000	0
05	0.000	0.000	0.000	0
06	0.000	0.000	0.000	0
07	0.000	0.000	0.000	0
08	0.000	0.000	0.000	0

现在位置(相对座标)

U 220.733 W -99.430

> S 0 2

HNDL **** *** ***

[NO检索] [测量] [C.输入] [+输入] [输入]

图 8-4-20 工具补正图框

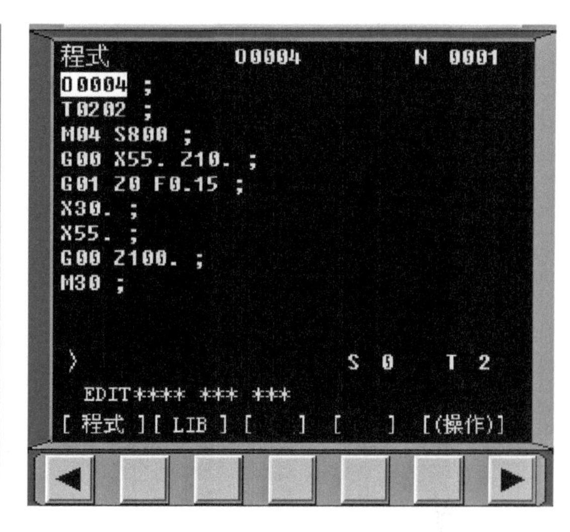

图 8-4-21 导入程序

16. 自动运行,仿真加工零件

单击“自动运行”按钮,单击“循环启动”按钮,仿真加工零件,如图 8-4-22 所示。

17. 换刀,手动对刀,设置参数

①换刀。在“MDI”状态下,输入“T0101”,单击“INSERT”按钮,单击“循环启动”按钮,如图 8-4-23 所示。

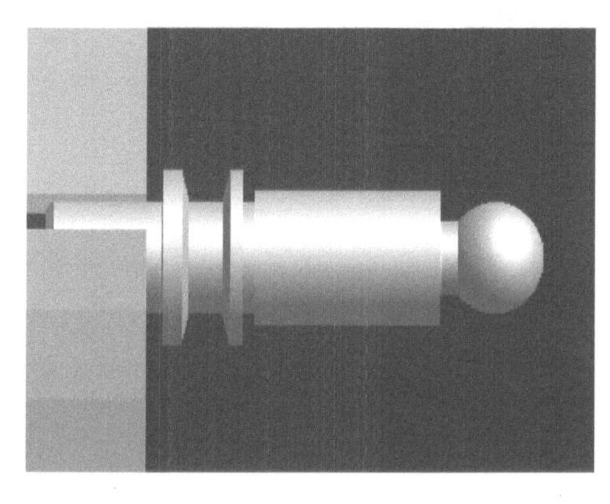

图 8-4-22 仿真加工零件

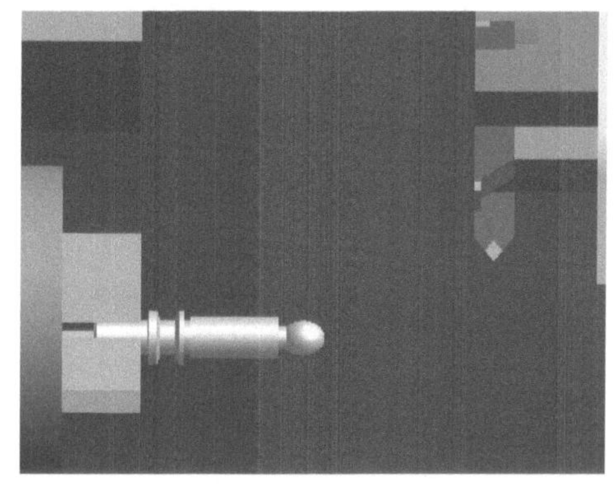

图 8-4-23 换刀

②在手动状态下,按下“主轴反转”键,使主轴转动起来。用 3 号刀具对外圆柱面进行试切,记下 X 测量的直径值,按下“偏置”补偿键,选择“形状”,然后输入“X 直径值”,按下“刀具测量”“测量”键,完在 X 向对刀。

③使用接触法,适当调整刀具的位置,使刀具的刀尖对准零件 $\phi30$ 的外端面。按下“偏置”补偿键,选择“形状”,然后输入“$Z0$”,按下“刀具测量”“测量”键,出现如图 8-4-24 所示图框。

18. 导入程序

选择“编辑”→“程序”→“操作”→“下一页(黑三角形)”→“F 检索”→找到所需程序→“READ”→输入程序名→“EXEC”命令,导入程序,如图 8-4-25 所示。

图 8－4－24　工具补正图框

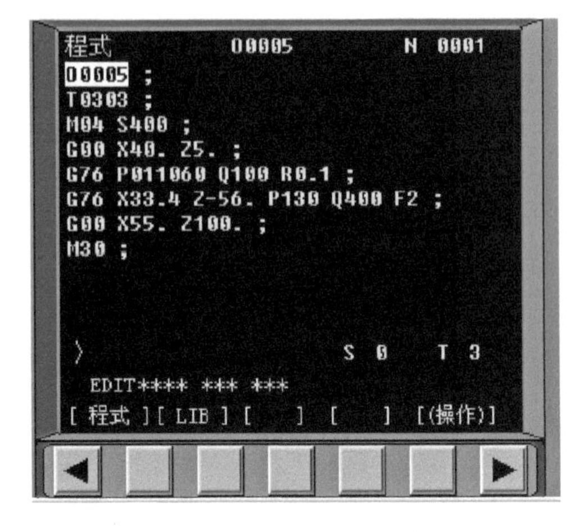

图 8－4－25　导入程序

19. 自动运行，仿真加工零件

单击“自动运行”按钮，单击“循环启动”按钮，完成零件仿真加工，如图 8－4－26 所示。

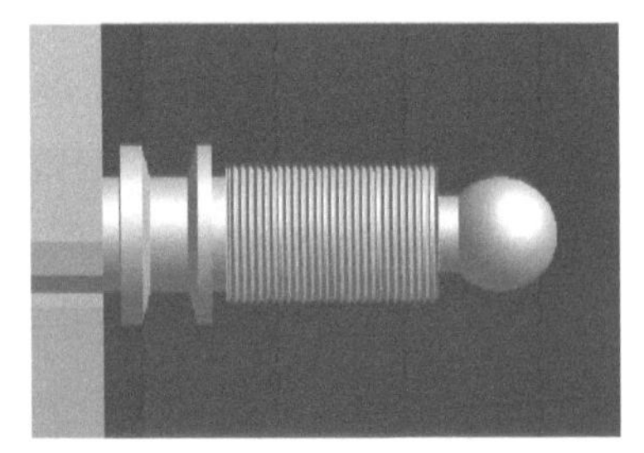

图 8－4－26　完成零件仿真加工

技能训练

完成实训自我小结表(见附件 A)。

任务五　车削组合件

任务目标

1. 掌握保证组合件的车削方法。
2. 能通过修改参数，保证组合件尺寸精度。
3. 培养学生积极动手的能力，增强学生岗位责任意识。

任务描述

本任务是车削组合件，通过修改参数来确保零件尺寸精度，并能借助量具分析零件的加工质量，同时完成一份实习报告。

复习导入

零件加工精度如何？如何检验？

任务实施

一、完成零件加工

1. 加工准备

①阅读零件图，并按图纸要求检查坯料的尺寸。

②选择 FANUC 0i 机床，开机，机床回参考点。

③输入程序，并校验该程序。

④安装工件。

先将机床的三爪自定心卡盘松开，根据图纸要求安放工件，并夹持有效长度，然后校正夹紧。

⑤准备刀具。

将刀尖角 35°外圆车刀安装在方刀架 1 号刀位，将方头切槽刀安装在 2 号刀位，将 60°外螺纹刀安装在 3 号刀位。

安装刀具时要保证刀具悬伸长度，并注意刀具轴心线与工件轴线之间的夹角，同时考虑刀具的刚性。

2. 对刀，并正确输入刀具形状补偿值和刀具磨耗补偿值

(1)Z 向对刀

选择 1 号刀具，采用试切法对毛坯的 Z 向进行对刀操作(即平端面)，在 1 号偏置形状中输入“Z0”，按下“刀具测量”“测量”键，完成 Z 向对刀。

螺纹刀采用目测法对 Z 值。切槽刀采用接触法对 Z 值。

(2)X 向对刀

用 1 号刀具试切法去除毛坯表面上的氧化层，测得 X 值，并在 1 号偏置形状中输入该值，按下“刀具测量”“测量”键，完成 X 向对刀。

(3)输入刀具磨耗补偿值

将精加工余量“0.5”输入到相对应的偏置磨耗中。

3. 程序校验

①锁住机床，将加工程序输入到数控系统中，在“图形模拟”功能下，实现图形轨迹的校验。

②回零操作。

4. 加工工件

校验正确，调慢进给速度，按下“启动”键，开始加工。

机床加工时，适当调整主轴转速和进给速度，保证加工正常。

5. 尺寸测量

程序执行完毕后，用游标卡尺和千分尺测量轮廓尺寸和长度尺寸，根据测量结果，修改相应刀具补偿值的数据，重新执行程序，精加工工件，直到加工出合格的产品。

6. 结束加工

松开夹具，卸下工件，清理机床。

二、完成质量评分表(见表 8－5－1)

表 8－5－1　质量评分表

<table>
<tr><td colspan="2">班级：</td><td>姓名：</td><td colspan="2">学号：</td><td colspan="2">工种：</td></tr>
<tr><td colspan="3">项目序号：</td><td colspan="4">项目名称：</td></tr>
<tr><td>分类</td><td>序号</td><td>检测内容</td><td>配分</td><td>学生自测</td><td>教师检测</td><td>得分</td></tr>
<tr><td rowspan="3">工艺分析与程序编制</td><td>1</td><td>工艺与刀具卡片填写完整</td><td>10</td><td></td><td></td><td></td></tr>
<tr><td>2</td><td>程序编制正确、简洁</td><td>10</td><td></td><td></td><td></td></tr>
<tr><td>3</td><td>零件仿真模拟加工</td><td>10</td><td></td><td></td><td></td></tr>
<tr><td>评分教师</td><td></td><td>加工时间</td><td></td><td>总得分</td><td colspan="2"></td></tr>
<tr><td rowspan="10">加工操作</td><td>1</td><td>尺寸一：</td><td>8</td><td></td><td></td><td></td></tr>
<tr><td>2</td><td>尺寸二：</td><td>8</td><td></td><td></td><td></td></tr>
<tr><td>3</td><td>尺寸三：</td><td>8</td><td></td><td></td><td></td></tr>
<tr><td>4</td><td>尺寸四：</td><td>8</td><td></td><td></td><td></td></tr>
<tr><td>5</td><td>尺寸五：</td><td>8</td><td></td><td></td><td></td></tr>
<tr><td>6</td><td>表面粗糙度</td><td>8</td><td></td><td></td><td></td></tr>
<tr><td>7</td><td>零件加工完整性</td><td>7</td><td></td><td></td><td></td></tr>
<tr><td>8</td><td>工量具正确使用</td><td>5</td><td></td><td></td><td></td></tr>
<tr><td>9</td><td>设备正常操作、维护保养</td><td>5</td><td></td><td></td><td></td></tr>
<tr><td>10</td><td>文明生产和机床清洁</td><td>5</td><td></td><td></td><td></td></tr>
<tr><td>评分教师</td><td></td><td>加工时间</td><td></td><td>总得分</td><td colspan="2"></td></tr>
</table>

实训时间：________________

上海市工业技术学校

技能训练

完成实训自我小结表(见附件 A)。

附件 A

实训自我小结表

学号	姓名	项目	任务	指导教师	自评	互评	师评
内容							

说明：
“自评”“互评”“师评”中请填写分值(3,2,1,0)。
其中,3——优秀;2——良好;1——合格;0——须努力

实训的收获与得失	
今后应注意的事项	
对指导教师的意见或建议	

附件 B

表 B－1　按照基孔制 7 级公差（H7）加工孔　（单位：mm）

直径				
加工孔的直径	第一次钻	第二次钻	扩孔	铰孔
3	2.9			3H7
4	3.9			4H7
5	4.8			5H7
6	5.8			6H7
8	7.8			8H7
10	9.8			10H7
12	11		11.85	12H7
13	12		12.85	13H7
14	13		13.85	14H7
15	14		14.85	15H7
16	15		15.85	16H7
18	17		17.85	18H7
20	18		19.8	20H7
22	20		21.8	22H7
24	22		23.8	24H7
25	23		24.8	25H7
26	24		25.8	26H7
28	26		21.8	28H7
30	15	28	29.75	30H7
32	15	30	31.75	32H7
35	20	33	34.75	35H7
38	20	36	37.75	38H7
40	25	38	39.75	40H7
42	25	40	41.75	42H7
45	25	43	44.75	45H7
48	25	46	47.75	48H7
50	25	48	49.75	50H7
60	30	55	59.5	60H7
70	30	65	69.5	70H7
80	30	75	79.5	80H7
90	30	80	镗孔	90H7
100	30	80		100H7

注：1. 在铸铁上加工直径到 15 mm 的孔时，不用扩孔钻；

2. 在铸铁上加工直径为 30 mm 与 32 mm 的孔时，仅用直径为 28 与 30 的钻头钻一次。

表 B-2　按照基孔制 9 级公差加工孔　（单位：mm）

直　径				
加工孔的直径	第一次钻	第二次钻	扩孔	铰孔
3	2.9			3H9
4	3.9			4H9
5	4.8			5H9
6	5.8			6H9
8	7.8			8H9
10	9.8			10H9
12	11.8			12H9
13	12.8			13H9
14	13.8			14H9
15	14.8			15H9
16	15		15.85	16H9
18	17		17.85	18H9
20	18		19.8	20H9
22	20		21.8	22H9
24	22		23.8	24H9
25	23		24.8	25H9
26	224		25.8	26H9
28	26		27.8	28H9
30	15	28	29.8	30H9
32	15	30	31.75	32H9
35	20	33	34.75	35H9
38	20	36	37.75	38H9
40	25	38	39.75	40H9
42	25	40	41.75	42H9
45	25	43	44.75	45H9
48	25	46	47.75	48H9
50	25	48	49.75	50H9
60	30	55		60H9
70	30	65		70H9
80	30	75	镗孔	80H9
90	30	80		90H9
100	30	80		100H9

注：在铸铁上加工直径为 30 mm 与 32 mm 的孔时，仅用直径为 28 与 30 的钻头钻一次。